卓越工程师培养计划

江苏省高校品牌专业建设资助项目（TAPP）

ATmega16 单片机项目驱动教程
（第 2 版）

杨 永 主编

杜 锋 沙 祥 副主编

电子工业出版社

Publishing House of Electronics Industry

北京·BEIJING

内 容 简 介

本书在第 1 版的基础上按照 ATmega16 单片机的主要功能模块划分为 9 个主要学习任务，在每个任务中以若干个实际项目为载体将学习的知识实际应用起来，通过学以致用的方式激发读者的学习兴趣。本书共有 13 个项目，每个项目按照项目背景、项目方案设计、项目硬件电路设计、项目驱动软件设计、项目系统集成与调试、知识巩固、拓展练习几个模块组织编写，强调职业技能的训练，注重职业能力的培养。本书所有电路驱动程序采用 C 语言设计完成，电路原理采用 PROTEUS 仿真软件完成。

本书按照高职高专人才培养目标编写，可作为电子信息大类各专业数字电子技术的教材，也可作为相关专业学生的自学参考书和培训教材。

未经许可，不得以任何方式复制或抄袭本书之部分或全部内容。
版权所有，侵权必究。

图书在版编目（CIP）数据

ATmega16 单片机项目驱动教程 / 杨永主编. —2 版. —北京：电子工业出版社，2016.5
（卓越工程师培养计划）
ISBN 978-7-121-28804-3

Ⅰ. ①A… Ⅱ. ①杨… Ⅲ. ①单片微型计算机—C 语言—程序设计—教材 Ⅳ. ①TP368.1 ②TP312

中国版本图书馆 CIP 数据核字（2016）第 101038 号

策划编辑：王敬栋
责任编辑：刘真平
印　　刷：北京天宇星印刷厂
装　　订：北京天宇星印刷厂
出版发行：电子工业出版社
　　　　　北京市海淀区万寿路 173 信箱　邮编　100036
开　　本：787×1092　1/16　印张：16　字数：410 千字
版　　次：2011 年 10 月第 1 版
　　　　　2016 年 5 月第 2 版
印　　次：2024 年 1 月第 8 次印刷
定　　价：39.80 元

凡所购买电子工业出版社图书有缺损问题，请向购买书店调换。若书店售缺，请与本社发行部联系，联系及邮购电话：(010) 88254888，88258888。

质量投诉请发邮件至 zlts@phei.com.cn，盗版侵权举报请发邮件至 dbqq@phei.com.cn。

本书咨询联系方式：(010) 88254451。

第 2 版前言

本书根据高职高专的培养目标，结合高职高专教学改革和课程改革的要求，本着"任务驱动、项目应用、教中学、做中教"的原则而编写。

随着基于 RISC 指令的微型处理器的应用规模日益扩大，国内各高校逐步基于 RISC 指令集单片机课程进行教学。为适应这种技术的推广，本书选用具有一定代表性又具有教学推广价值的 AVR 系列 ATmega16 单片机作为对象，以技术应用方式介绍给广大读者。本书按照单片机内部功能的不同组合分为 9 个学习任务，在每个任务中以若干个实际项目为载体将学习的知识实际应用起来，通过学以致用的方式激发读者的学习兴趣。全书按照 ATmega16 单片机的功能模块分为 9 个学习任务，每个任务中又包含若干个基于实际电子产品的教学项目，共有 13 个项目，每个项目有目标、有要求、有电路原理、有实现过程，也有相关知识和思考练习，强调职业技能的训练，注重职业能力的培养。通过项目的按步骤制作、调试和故障排除等，提高学生对 ATmega16 单片机技术的理解和应用能力，锻炼学生综合运用所学知识完成小型系统和应用电路的设计制作任务，包括查阅资料、确定电路设计方案、元器件参数的计算与选择、电路的安装与调试、相关仪器的使用和指标测试及设计文档编写等能力。考虑到软件仿真的直观性和在实训之前对电路有一定了解，所有教学内容在实际制作之前采用 PROTEUS 进行了仿真，一方面做到节约成本，另一方面也可以让学生通过学习，掌握仿真软件的使用。PROTEUS 软件自带元件库、电路编辑器、测试仪器等，可以随心所欲地构造电路，虚拟仿真和演示该电路的工作原理和动态过程。程序编写全部采用 C 语言进行，依托集成化、数字化和仿真软件，体现技术的先进性和实用性。

本书力求体现项目课程的特色与设计思想。项目内容选取力求具有典型性和可操作性，以项目任务为出发点，激发学生的学习兴趣。在教学安排上，紧密围绕项目开展，创设教学情境，尽量做到教学做一体化。充分利用多媒体、电子仿真软件和实际电路组织教学。每个项目的实践内容时间安排可根据项目内容确定，制作与调试时建议四节课连上。教学评价可根据教学过程采取项目评价与总体评价相结合，理论知识考核与实践操作考核相结合，注重操作能力。

本书按照高职高专人才培养目标编写，可作为电子信息大类各专业数字电子技术的教材，也可作为相关专业学生的自学参考书和培训教材，参考学时数为 120 学时。本书的电子课件、思考与练习可在 http://yydz.phei.com.cn 资源下载栏目下载。

本书由杨永主编，杜锋和沙祥担任副主编。其中，杜锋编写了任务 1，沙祥编写了任务 9，杨永编写本书其他内容和所有项目驱动程序，并负责全书的统稿。在编写过程中得到了淮安信息职业技术学院俞宁教授、李朝林教授的关心和支持，在此表示衷心感谢。

由于时间仓促，加之编者水平所限，书中难免有错误和不当之处，恳请各位读者予以批评指正。

编　者

第 1 版前言

本书根据高职高专的培养目标，结合高职高专教学改革和课程改革的要求，本着"工学结合、项目引导、任务驱动、教学做一体化"的原则而编写。

众所周知，单片机技术的教学在我国 20 世纪 80 年代已经开始了，在国内开设电子类专业的学校中基本都把单片机作为主要骨干课程进行教学。但是，单片机的种类基本以 51 系列为主，略显单调。近年来，基于 RISC 指令的微型处理器的应用规模日益扩大。为适应这种技术的推广，本书选用具有代表性且具有教学推广价值的基于 RISC 指令集的 ATmega16 单片机作为介绍对象，以项目化导向的方式介绍给广大读者。本书以项目为单元，以应用为主线，将理论知识融入每一个教学项目中，通过不同的项目和实例来引导学生，将 ATmega16 单片机技术的基础知识、基本理论融入其中。全书按照 ATmega16 单片机的功能模块分为 5 个学习任务，每个任务中又包含若干个基于实际电子产品的教学项目。全书共 12 个项目，每个项目有目标、有要求、有电路原理、有实现过程，也有相关知识和思考练习，强调职业技能的训练，注重职业能力的培养。通过项目的制作、调试和故障排除等，提高学生对 ATmega16 单片机技术的理解和应用能力，锻炼学生综合运用所学知识，完成小型系统和应用电路的设计制作任务，包括查阅资料、确定电路设计方案、元器件参数的计算与选择、电路的安装与调试、相关仪器的使用和指标测试，以及设计文档编写等能力。考虑到软件仿真的直观性和在实训之前对电路有一定了解，所有教学内容在实际制作之前采用 PROTEUS 软件进行了仿真练习。一方面做到节约成本，另一方面也可以让学生通过学习，掌握先进软件的使用方法。PROTEUS 软件自带元件库、电路编辑器、测试仪器等，可以按需构造电路，虚拟仿真和演示该电路的工作原理与动态过程。程序编写全部采用 C 语言，依托集成化、数字化仿真软件，体现技术的先进性和实用性。

本书力求体现项目课程的特色与设计思想。项目内容选取力求具有典型性和可操作性，以项目任务为出发点，激发学生的学习兴趣。在教学安排上，紧密围绕项目开展，创设教学情境，尽量做到教学做一体化。充分利用多媒体、电子仿真软件和实际电路组织教学。

本书按照高职高专人才培养目标编写，可作为电子信息大类各专业的教材，也可作为相关专业学生自学参考书和培训教材。本书配套资料可在 http://yydz.phei.com.cn 资源下载栏目下载。

本书由杨永主编，张洪明、孙岐峰、潘汉怀、杜锋和沙祥参编。其中，张洪明编写了任务一；孙岐峰编写了任务二的项目 4 和项目 5；潘汉怀编写了任务三的项目 7 和项目 8；杜锋编写了任务四的项目 9 和项目 10；沙祥编写了任务五的项目 11 和项目 12；杨永编写其余部分，并负责全书的统稿。在编写过程中得到了俞宁副院长、朱祥贤主任、毛学军主任的关心和支持，在此表示衷心感谢。

由于时间仓促，加之编者水平所限，书中难免有错误和不当之处，恳请各位读者予以批评指正。

编　者

目 录

任务 1 **ATmega16 单片机学习准备** ···1

1.1 认识 ATmega16 单片机 ···1

1.1.1 ATmega16 芯片及引脚认识 ··2

1.1.2 复位电路的设计 ··3

1.1.3 晶振电路的设计 ··4

1.1.4 A/D 转换滤波电路的设计 ··4

1.1.5 串口电平转换电路的设计 ···5

1.1.6 I/O 端口输出 ···6

1.1.7 JTAG 仿真接口电路的设计 ··7

1.1.8 电源电路的设计 ··7

1.1.9 ATmega16 最小硬件系统实物 ··7

1.2 ICC AVR 集成开发环境使用 ··8

1.3 AVR Studio 调试软件的使用 ··12

1.4 PROTEUS 仿真软件的使用 ···16

任务 2 **单片机 I/O 口基本应用** ··20

2.1 ATmega16 单片机 I/O 口使用概述与目标要求 ···20

2.1.1 任务教学目标 ···20

2.1.2 教学目标知识与技能点介绍 ··20

2.2 项目 1：空调器开关电源指示控制系统设计 ···28

2.2.1 项目背景 ···28

2.2.2 项目方案设计 ···29

2.2.3 项目硬件电路设计 ···29

2.2.4 项目驱动软件设计 ···30

2.2.5 项目系统集成与调试 ··36

知识巩固 ··38

拓展练习 ··39

2.3 项目 2：多功能霓虹灯控制系统设计 ···39

2.3.1 项目背景 ···39

2.3.2 项目方案设计 ···40

2.3.3 项目硬件电路设计 ···40

2.3.4 项目驱动软件设计 ···43

2.3.5 项目系统集成与调试 ··49

知识巩固 ··53

拓展练习 ··53

任务 3　单片机外部中断及 I/O 口基本应用 ·······················54

3.1　数码管及外部中断使用概述与目标要求 ···················54

3.1.1　任务教学目标 ····················54

3.1.2　教学目标知识与技能点介绍 ··············54

3.2　项目 3：脉冲计数控制与显示系统设计 ···············63

3.2.1　项目背景 ·····················63

3.2.2　项目方案设计 ··················63

3.2.3　项目硬件电路设计 ················64

3.2.4　项目驱动软件设计 ················66

3.2.5　项目系统集成与调试 ···············70

知识巩固 ·························71

拓展练习 ·························72

3.3　项目 4：篮球比赛计分器设计 ····················72

3.3.1　项目背景 ·····················72

3.3.2　项目方案设计 ··················73

3.3.3　项目硬件电路设计 ················73

3.3.4　项目驱动软件设计 ················75

3.3.5　项目系统集成与调试 ···············80

知识巩固 ·························84

拓展练习 ·························84

任务 4　内部 EEPROM 操作及 I/O 口应用 ·····················85

4.1　内部 EEPROM 及 1602 液晶显示器使用概述与目标要求 ··········85

4.1.1　任务教学目标 ··················85

4.1.2　教学目标知识与技能点介绍 ··············85

4.2　项目 5：基于液晶 1602 显示密码锁控制系统设计 ···········93

4.2.1　项目背景 ·····················93

4.2.2　项目方案设计 ··················94

4.2.3　项目硬件电路设计 ················95

4.2.4　项目驱动软件设计 ················97

4.2.5　项目系统集成与调试 ···············108

知识巩固 ·························114

拓展练习 ·························114

任务 5　单片机定时器 T0 的应用 ·························115

5.1　ATmega16 单片机定时使用概述与目标要求 ·············115

5.1.1　任务教学目标 ··················115

5.1.2　教学目标知识与技能点介绍 ··············115

5.2　项目 6：能校时的电子时钟设计 ···················119

5.2.1　项目背景 ·····················119

5.2.2　项目方案设计 ··················120

　　　5.2.3　项目硬件电路设计 ·· 120

　　　5.2.4　项目驱动软件设计 ·· 121

　　　5.2.5　项目系统集成与调试 ··· 126

　　　知识巩固 ·· 128

　　　拓展练习 ·· 129

　5.3　项目 7：基于 PWM 波的 LED 调光控制器设计 ····························· 129

　　　5.3.1　项目背景 ·· 129

　　　5.3.2　项目方案设计 ·· 131

　　　5.3.3　项目硬件电路设计 ·· 131

　　　5.3.4　项目驱动软件设计 ·· 133

　　　5.3.5　项目系统集成与调试 ··· 138

　　　知识巩固 ·· 142

　　　拓展练习 ·· 142

任务 6　单片机 AD 模块应用 ··· 143

　6.1　AD 转换使用概述与目标要求 ··· 143

　　　6.1.1　任务教学目标 ·· 143

　　　6.1.2　教学目标知识与技能点介绍 ··· 143

　6.2　项目 8：5V 数字电压表设计 ·· 149

　　　6.2.1　项目背景 ·· 149

　　　6.2.2　项目方案设计 ·· 151

　　　6.2.3　项目硬件电路设计 ·· 151

　　　6.2.4　项目驱动软件设计 ·· 153

　　　6.2.5　项目系统集成与调试 ··· 156

　　　知识巩固 ·· 158

　　　拓展练习 ·· 159

　6.3　项目 9：智能光强检测与控制系统设计 ··· 159

　　　6.3.1　项目背景 ·· 159

　　　6.3.2　项目方案设计 ·· 161

　　　6.3.3　项目硬件电路设计 ·· 161

　　　6.3.4　项目驱动软件设计 ·· 163

　　　6.3.5　项目系统集成与调试 ··· 170

　　　知识巩固 ·· 174

　　　拓展练习 ·· 174

任务 7　单片机 I²C（TWI）总线开发 ··· 175

　7.1　I²C 总线使用概述与目标要求 ··· 175

　　　7.1.1　任务教学目标 ·· 175

　　　7.1.2　教学目标知识与技能点介绍 ··· 175

　7.2　项目 10：基于 DS1621 多点测温控制系统设计——基于单片机模拟 I²C
总线实现 ··· 184

　　　7.2.1　项目背景 ·· 184

   7.2.2 项目方案设计 ···184

   7.2.3 项目硬件电路设计 ··185

   7.2.4 项目驱动软件设计 ··186

   7.2.5 项目系统集成与调试 ··194

   知识巩固 ···195

   拓展练习 ···195

 7.3 项目 11：基于 TWI 技术的多点测温控制系统设计 ·······························195

   7.3.1 项目方案设计 ···195

   7.3.2 项目硬件电路设计 ··197

   7.3.3 项目驱动软件设计 ··198

   7.3.4 项目系统集成与调试 ··204

   知识巩固 ···205

   拓展练习 ···205

任务 8 单片机 SPI 模块应用 ··206

 8.1 SPI 总线使用概述与目标要求 ··206

   8.1.1 任务教学目标 ···206

   8.1.2 教学目标知识与技能点介绍 ···206

 8.2 项目 12：基于 FM25040 的 SPI 总线数据存储系统设计 ·······················212

   8.2.1 项目背景 ··212

   8.2.2 项目方案设计 ···212

   8.2.3 项目硬件电路设计 ··213

   8.2.4 项目驱动软件设计 ··214

   8.2.5 项目系统集成与调试 ··218

   知识巩固 ···219

   拓展练习 ···220

任务 9 单片机的串口及看门狗应用 ··221

 9.1 ATmega16 单片机串行通信概述与目标要求 ····································221

   9.1.1 任务教学目标 ···221

   9.1.2 教学目标知识与技能点介绍 ···221

 9.2 项目 13：银行窗口服务评价控制系统设计 ······································234

   9.2.1 项目背景 ··234

   9.2.2 项目方案设计 ···235

   9.2.3 项目硬件电路设计 ··236

   9.2.4 项目驱动软件设计 ··236

   9.2.5 项目系统集成与调试 ··243

   知识巩固 ···246

   拓展练习 ···246

ATmega16 单片机学习准备

1.1 认识 ATmega16 单片机

ATmega16 是基于增强的 AVR RISC 结构的低功耗 8 位 CMOS 微控制器。

ATmega16 有如下特点：16KB 的系统内可编程 Flash（具有同时读写的能力，即 RWW），512B 的 EEPROM，1KB 的 SRAM，32 个通用 I/O 口线，32 个通用工作寄存器，用于边界扫描的 JTAG 接口，支持片内调试与编程，3 个具有比较模式的灵活的定时器/计数器（T/C），片内/外中断，可编程串行 USART，有起始条件检测器的通用串行接口，8 路 10 位具有可选差分输入级可编程增益（TQFP 封装）的 ADC，具有片内振荡器的可编程看门狗定时器，一个 SPI 串行端口，以及 6 个可以通过软件进行选择的省电模式。

工作于空闲模式时 CPU 停止工作，而 USART、两线接口、ADC、SRAM、T/C、SPI 端口以及中断系统继续工作；停电模式时晶体振荡器停止振荡，所有功能除了中断和硬件复位之外都停止工作；在省电模式下，异步定时器继续运行，允许用户保持一个时间基准，而其余功能模块处于休眠状态；ADC 噪声抑制模式时终止 CPU 和除了异步定时器与 ADC 以外所有 I/O 模块的工作，以降低 ADC 转换时的开关噪声；Standby 模式下只有晶体或谐振振荡器运行，其余功能模块均处于休眠状态，使得器件只消耗极少的电流，同时具有快速启动能力；扩展 Standby 模式下则允许振荡器和异步定时器继续工作。

ATmega16 是以 Atmel 公司高密度非易失性存储器技术生产的。片内 ISP Flash 允许程序存储器通过 ISP 串行接口或者通用编程器进行编程，也可以通过运行于 AVR 内核之中的引导程序进行编程。引导程序可以使用任意接口将应用程序下载到应用 Flash 存储区（Application Flash Memory）。在更新应用 Flash 存储区时引导 Flash 区（Boot Flash Memory）的程序继续运行，实现了 RWW 操作。通过将 8 位 RISC CPU 与系统内可编程的 Flash 集成在一个芯片内，ATmega16 成为一个功能强大的单片机，为许多嵌入式控制应用提供了灵活而低成本的解决方案。

ATmega16 具有一整套的编程与系统开发工具，包括：C 语言编译器、宏汇编、程序调试器、软件仿真器、仿真器及评估板。

ATmega16 单片机常用的 TQFP 44 脚封装形式如图 1-1 所示，DIP 40 脚封装形式如图 1-2 所示。

图 1-1 TQFP 44 脚封装

图 1-2 DIP 40 脚封装

 ## 1.1.1 ATmega16 芯片及引脚认识

如图 1-3 所示，ATmega16 的引脚排列主要由端口 A、端口 B、端口 C、端口 D 及复用功能口；复位引脚 $\overline{\text{RESET}}$；电源脚 VCC、GND；以及 A/D 转换功能脚 AREF、AVCC 等组成。下面分别介绍。

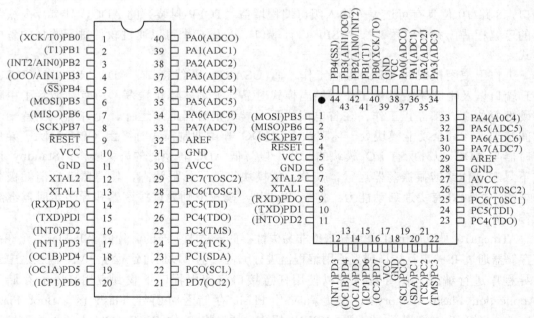

图 1-3 PDIP 及 QFC 两种封装的 ATmega16 引脚

VCC：电源正。

GND：电源地。

端口 A（PA7..PA0）：端口 A 作为 ADC 的模拟输入端。端口 A 为 8 位双向 I/O 口，具有可编程的内部上拉电阻。其输出缓冲器具有对称的驱动特性，可以输出和吸收大电流。作为输入使用时，若内部上拉电阻使能，端口被外部电路拉低时将输出电流。在复位过程中，即使系统时钟还未起振，端口 A 仍处于高阻状态。

　　端口 B（PB7..PB0）：端口 B 为 8 位双向 I/O 口，具有可编程的内部上拉电阻。其输出缓冲器具有对称的驱动特性，可以输出和吸收大电流。作为输入使用时，若内部上拉电阻使能，端口被外部电路拉低时将输出电流。在复位过程中，即使系统时钟还未起振，端口 B 仍处于高阻状态。端口 B 也可以用作其他不同的特殊功能。

　　端口 C（PC7..PC0）：端口 C 为 8 位双向 I/O 口，具有可编程的内部上拉电阻。其输出缓冲器具有对称的驱动特性，可以输出和吸收大电流。作为输入使用时，若内部上拉电阻使能，端口被外部电路拉低时将输出电流。在复位过程中，即使系统时钟还未起振，端口 C 仍处于高阻状态。如果 JTAG 接口使能，即使复位也会出现引脚 PC5（TDI）、PC3（TMS）与 PC2（TCK）的上拉电阻被激活。端口 C 也可以用作其他不同的特殊功能。

　　端口 D（PD7..PD0）：端口 D 为 8 位双向 I/O 口，具有可编程的内部上拉电阻。其输出缓冲器具有对称的驱动特性，可以输出和吸收大电流。作为输入使用时，若内部上拉电阻使能，则端口被外部电路拉低时将输出电流。在复位过程中，即使系统时钟还未起振，端口 D 仍处于高阻状态。端口 D 也可以用作其他不同的特殊功能。

　　$\overline{\text{RESET}}$：复位输入引脚。持续时间超过最小门限时间的低电平将引起系统复位。门限时间持续时间小于门限时间的脉冲不能保证可靠复位。与传统的 51 单片机相比，AVR 单片机内置复位电路，并且在熔丝位里可以控制复位时间，所以，AVR 单片机可以不设外部上电复位电路，依然可以正常复位，稳定工作。需要注意的是本单片机低电平有效。

　　XTAL1：反向振荡放大器与片内时钟操作电路的输入端。

　　XTAL2：反向振荡放大器的输出端。

　　AVCC：AVCC 是端口 A 与 A/D 转换器的电源。不使用 ADC 时，该引脚应直接与 VCC 连接；使用 ADC 时应通过一个低通滤波器与 VCC 连接。

　　AREF：ADC 的模拟基准输入引脚。

1.1.2　复位电路的设计

　　如图 1-4 所示，ATmega16 已经内置了上电复位设计，并且在熔丝位里可以设置复位时的额外时间，故 AVR 外部的复位线路在上电时，可以设计得很简单：直接拉一只 10kΩ 的电阻到 VCC 即可（Rrst）。

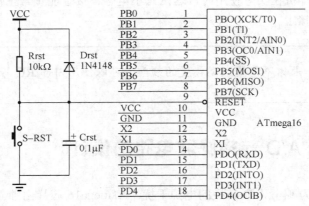

图 1-4　复位电路

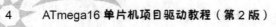
为了可靠复位，再加上一只 0.1μF 的电容（Crst）以消除干扰、杂波。

Drst（1N4148）的作用有两个：一是将复位输入的最高电压钳位在 $V_{CC}+0.5V$ 左右；二是系统断电时，将 Rrst（10kΩ）电阻短路，让 Crst 快速放电，从而当下一次通电时，能产生有效的复位。

在 AVR 单片机工作期间，按下 S-RST（复位按钮）开关再松开时，将在复位脚产生一个低电平的复位脉冲信号，触发 AVR 单片机复位。

重要说明：

实际应用时，如果你不需要复位按钮，复位脚可以不接任何的零件，AVR 芯片也能稳定工作。即这部分不需要任何的外围零件。

 ## 1.1.3 晶振电路的设计

如图 1-5 所示，ATmega16 已经内置 RC 振荡线路，可以产生 1MHz、2MHz、4MHz、8MHz 的振荡频率。不过，内置的毕竟是 RC 振荡，在一些对时间参数要求较高的场合，比如要使用 AVR 单片机的 UART 与其他的单片机系统或 PC 通信时，为了实现高速可靠的通信，就需要比较精确的时钟来产生精确的通信波特率，这时就要使用精度高的片外晶体振荡电路作为 AVR 单片机系统的工作时钟。

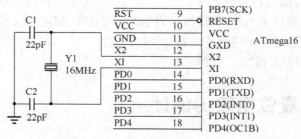

图 1-5　晶振电路

在早期的 AVR 单片机中，比如 AT90S 系列单片机，晶振两端均需要接 22pF 左右的电容。ATmega 系列单片机在实际使用时，这两只小电容不接也能正常工作。不过为了线路的规范化，我们仍建议接上。

重要说明：

实际应用时，如果你不需要太高精度的频率，可以使用内部 RC 振荡。即这部分不需要任何的外围零件。

 ## 1.1.4 A/D 转换滤波电路的设计

如图 1-6 所示，为减小 A/D 转换的电源干扰，ATmega16 芯片由独立的 A/D 电源供电。推荐在 VCC 串上一只 10μH 的电感（L1），然后接一只 0.1μF 的电容（C6）到模拟地。

　　ATmega16 内带 2.56V 标准参考电压。也可以从外面输入参考电压，比如在外面使用 TL431 基准电压源。不过一般的应用使用内部自带的参考电压已经足够。习惯上在 AREF 脚接一只 0.1μF 的电容（C5）到模拟地。

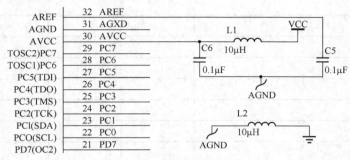

图 1-6 A/D 转换滤波电路

重要说明：

　　实际应用时，如果你想简化线路，可以将 AVCC 直接接到 VCC，AREF 悬空。即这部分不需要任何的外围零件。

1.1.5 串口电平转换电路的设计

　　如图 1-7 所示，串行通信协议有很多种，以 RS-232-C（又称 EIA RS-232-C，以下简称 RS232）的通信方式最为多见。

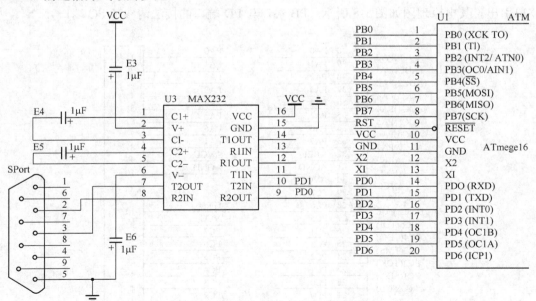

图 1-7 串口电平转换电路

　　RS232 是一个全双工的通信协议，它可以同时进行数据接收和发送的工作。RS232 的端口通常有两种：9 针（DB9）和 25 针（DB25）。其接口定义如表 1-1 所示。

表 1-1　DB9 与 DB25 接口定义

信　号	DB9	DB25
公共地	5	7
发送数据（TXD）	3	2
接收数据（RXD）	2	3
数据终端准备（DTR）	4	20
数据准备好（DSR）	6	6
请求发送（RTS）	7	4
清除发送（CTS）	8	5
数据载波检测（DCD）	1	8
振铃指示（RI）	9	22

　　RS232 接口的信号电平值较高，在 RS232 中任何一条信号线的电压均为负逻辑关系，即逻辑"1"，−5～−15V；逻辑"0"，+5～+15V；噪声容限为 2V。因为与 TTL 电平不兼容，故需使用电平转换电路方能与 TTL 电路连接。在本设计中，电平转换芯片是 MAXIM 公司的 MAX232 芯片，电路设计参考了其 DATASHEET 上的典型应用。

1.1.6　I/O 端口输出

　　ATmega16 总共有 PA、PB、PC、PD 四个 8 位 I/O 端口，作为最小系统板需要将这 4 个 I/O 口引出。其电原理图如图 1-8 所示（PB 端口与 PD 端口的接法请参考 PC 端口）。

(ADC0)PA0	40	PA0
(ADC1)PA1	39	PA1
(ADC2)PA2	38	PA2
(ADC3)PA3	37	PA3
(ADC4)PA4	36	PA4
(ADC5)PA5	35	PA?
(ADC6)PA6	34	PA6
(ADC7)PA7	33	PA7
AREF	32	AREF
AGND	31	AGND
AVCC	30	AVCC
(TOSC2)PC7	29	PC7
(TOSC1)PC6	28	PC6
PC5(TDI)	27	PC5
PC4(TDO)	26	PC4
PC3(TMS)	25	PC3
PC2(TCK)	24	PC2
PC1(SDA)	23	PC1
PC0(SCL)	22	PC0
PD7(OC2)	21	PD7

PA

PA0	1
PA1	2
PA2	3
PA3	4
PA4	5
PA?	6
PA6	7
PA7	8
AVCC	9
AGND	10

PC

GND	10
VCC	9
PC7	8
PC6	7
PC5	6
PC4	5
PC3	4
PC2	3
PC1	2
PC0	1

图 1-8　I/O 端口

1.1.7　JTAG 仿真接口电路的设计

JTAG 仿真接口电路如图 1-9 所示，图中：

- V-S 是一个三端跳线，用来选择电源的供给方式：由 JTAG 仿真接口供电还是由 ATmega16 最小系统板上的电源模块供电。
- 由于不同的 JTAG 仿真电路支持的 JTAG 协议不同，R4、R5、R6、R7 这 4 个上拉电阻并不是必要的。

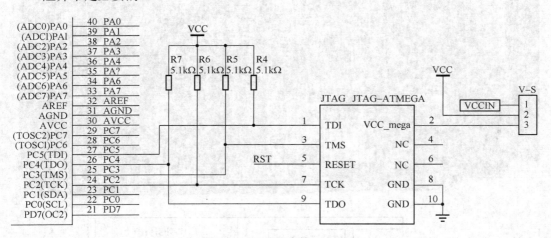

图 1-9　JTAG 仿真接口电路

1.1.8　电源电路的设计

采用 7805 集成电压三端器件能满足系统的要求，输入电压要求 9～18V，如图 1-10 所示。

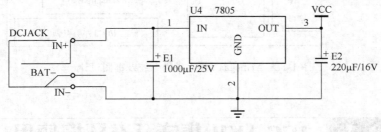

图 1-10　电源电路

1.1.9　ATmega16 最小硬件系统实物

根据各部分原理图最终完成的 ATmega16 最小硬件系统及框图设计如图 1-11 所

示。申请了实用新型专利单片机开发系统，仿真单片机与开发单片机在同一块 PCB 上，提高开发板与计算机通信成功率，也能降低系统成本；开发板上的 JTAG 接口复用功能可以用短路帽接通和断开的方式方便地切换使用开发板上的单片机和使用者自己开发的单片机。

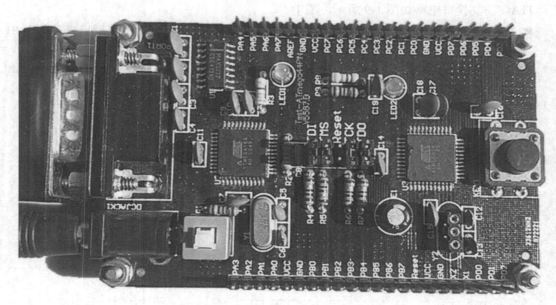

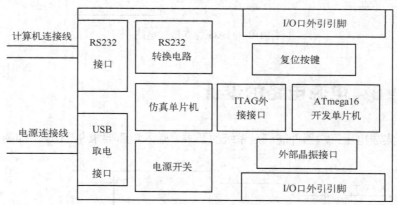

图 1-11　ATmega16 最小硬件系统及框图设计

1.2　ICC AVR 集成开发环境使用

打开 ICC 集成开发环境后，按照下面图示的提示，可以达到 ICC 快速入门的学习目的。

（1）选择 Project 菜单的 New 选项新建项目，如图 1-12 所示。

（2）指定保存路径并输入工程名称，如图 1-13 所示。

（3）选择 File 菜单的 New 选项新建文件，如图 1-14 所示。

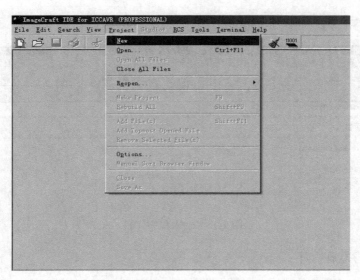

图 1-12　新建项目

图 1-13　保存项目

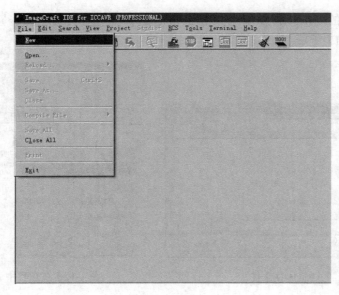

图 1-14　新建文件

（4）输入程序代码，如图 1-15 所示。

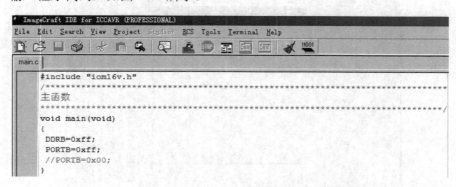

图 1-15　输入程序代码

要输入的程序代码如下：

```
#include "iom16v.h"
void main(void)
{
DDRB=0xff;
PORTB=0xff;
//PORTB=0x00;
}
```

（5）保存文件，如图 1-16 所示。

重要说明：

文件的后缀名是.c，建议与刚建立的工程保存在同一个文件路径内。

（6）选中右边的 Files，右击，在弹出的快捷菜单中选择 Add File（s）选项，在项目中添加文件，如图 1-17 所示。

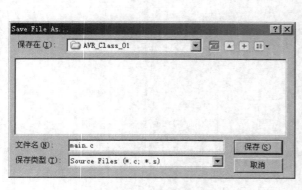

图 1-16　保存文件

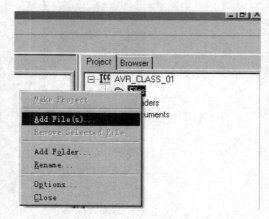

图 1-17　在项目中添加文件

（7）选择 Project 菜单中的 Options 选项，在弹出的对话框中单击 Target 选项卡选择单片机类型，如图 1-18 所示。

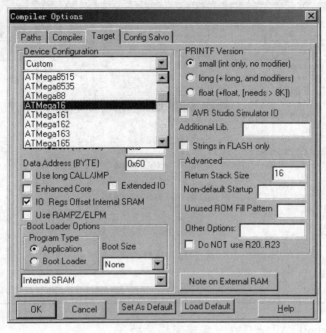

图 1-18　单片机类型选择

（8）单击 Compiler 选项卡，设置输出文件格式为 COFF/HEX 类型，如图 1-19 所示。

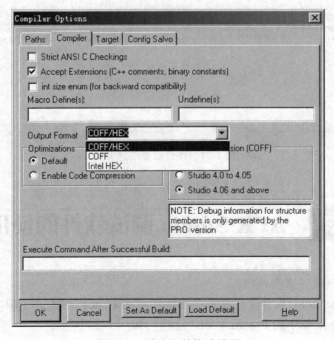

图 1-19　输出文件格式设置

（9）选择 Project 菜单中的 Make Project 选项进行项目编译，如图 1-20 所示。

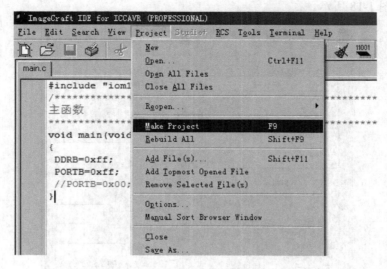

图 1-20   项目编译

 重要说明：

此时若选择 Rebuild All 选项也可实现同样的功能。

（10）编译结果如不正确，纠错后直到编译正确，如图 1-21 所示。

```
E:\开发绘图编程工具\icc\bin\imakew -f AVR_Class_01.mak
    iccavr -c -IE:\开发绘图编程工具\icc\include\ -I..\inc -e -DATMEGA -DATMega16  -l -g -Mavr_enhanced  I:\Program\AVR\ICC\
    iccavr -o AVR_Class_01 -LE:\开发绘图编程工具\icc\lib -g -ucrtatmega.o -bfunc_lit:0x54.0x4000 -dram_end:0x45f -bdata:0x6
Device 0% full.
Done.
```

图 1-21   项目编译信息窗

1.3   AVR Studio 调试软件的使用

首先将 JTAG 下载仿真头连接好。

（1）打开 AVR Studio 软件，在弹出的界面中单击 Cancel 按钮，如图 1-22 所示。

（2）单击 Tools 菜单中的 Program AVR 选项，如图 1-23 所示。

图 1-22　AVR Studio 初始弹出界面

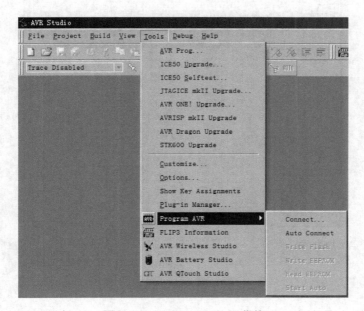

图 1-23　AVR Studio Tools 菜单

此时单击 Connect 选项，会出现如图 1-24 所示的 Select AVR Programmer 对话框。

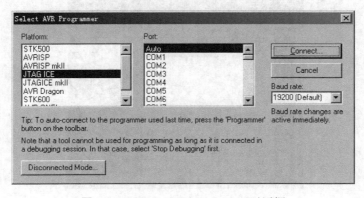

图 1-24　Select AVR Programmer 对话框

此时在左侧栏选择 JTAG ICE 后单击 Connect 按钮，就会进入熔丝位设置选项。

注意：

　　Connect 与 Auto Connect 的区别是：Connect 每次都会提示选择的设备名称与连接端口，Auto Connect 会自动使用上一次的设置，提高操作效率。

（3）熔丝位设置，如图 1-25 所示。

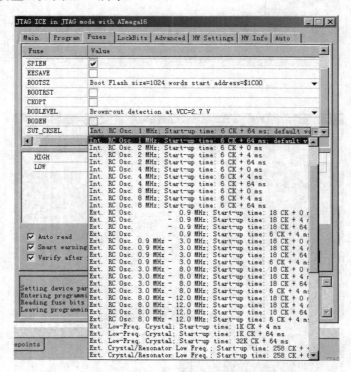

图 1-25　熔丝位设置

按需要进行相关设置，完成设置后单击 Program 选项进行编程，然后关掉该界面即可。

（4）单击 File 菜单中的 Open File 选项，如图 1-26 所示。

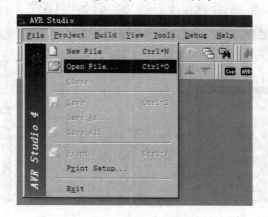

图 1-26　Open File 选项

（5）弹出"打开"对话框，找到用 ICC AVR 编译生成的.cof 文件，按照提示进行操作，如图 1-27 所示。

图 1-27 打开.cof 文件

（6）选择调试接口（JTAG ICE）和器件（ATmega16），单击 Finish 按钮，如图 1-28 所示。

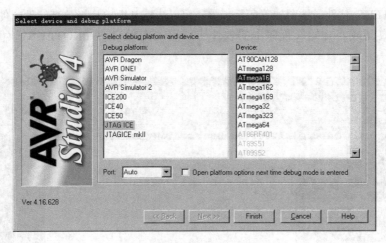

图 1-28 选择调试接口与器件

Port 端口选择 Auto 即可。如果没有连接 JTAG 设备，可以使用 Disconnected Mode（脱机模式）进入查看操作界面。

重要说明：

根据接口选择 Platform，AVR Studio 本身不支持并口，同时，并不是所有的 AVR 单片机都支持 JTAG 协议。

（7）调试界面如图 1-29 所示。

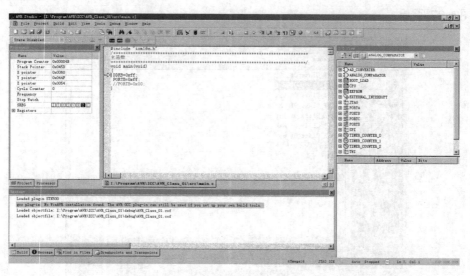

图 1-29　调试界面

1.4　PROTEUS 仿真软件的使用

打开 PROTEUS 软件，按照如下所示步骤，可以快速掌握单片机仿真软件的使用基本方法。

（1）双机桌面或"开始"程序中的软件快捷启动图标启动 PROTEUS 软件，如图 1-30 所示。

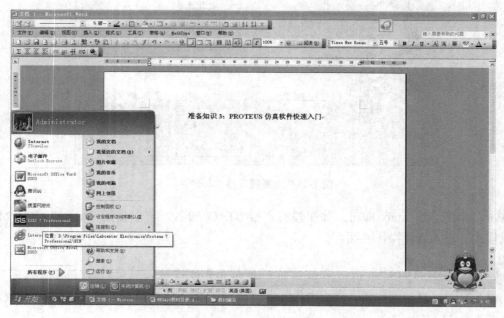

图 1-30　启动 PROTEUS 软件

（2）PROTEUS 工作界面如图 1-31 所示。

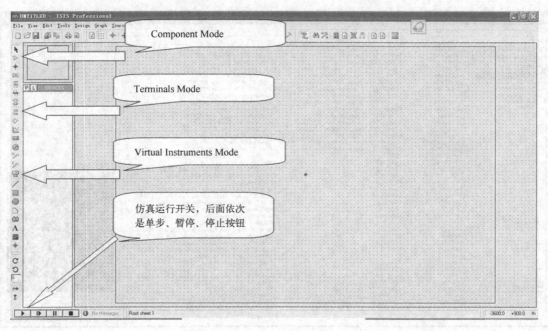

图 1-31　PROTEUS 工作界面

在 PROTEUS 工作界面中，最常用的有 3 种模式，分别为 Component Mode，能选择查找电路元件；Terminals Mode，能给你的电路加入电源或地；Virtual Instruments Mode，能选择示波器、信号发生器等。

（3）电路元件选择。单击 Component Mode，弹出如图 1-32 所示元件选择对话框。

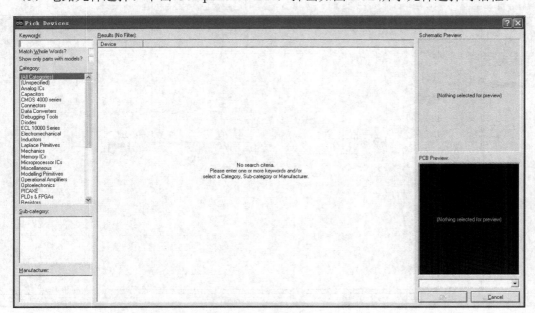

图 1-32　元件选择对话框

（4）在 Keywords 文本输入框中输入元件名称，如图 1-33 所示。

图 1-33　输入元件名称

（5）电路元件布局、连线。在 PROTEUS 中设计电路，如图 1-34 所示，这是一个分立元件的射极跟随器电路。

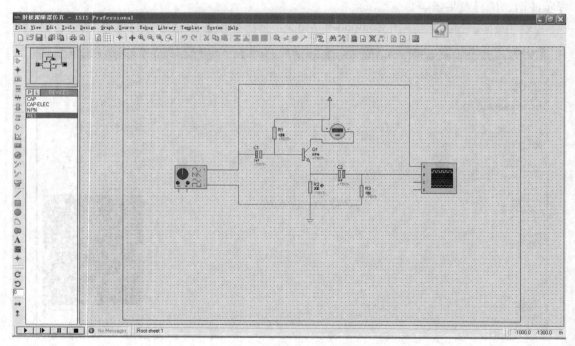

图 1-34　在 PROTEUS 中设计电路

（6）PROTEUS 仿真电路运行效果如图 1-35 所示。

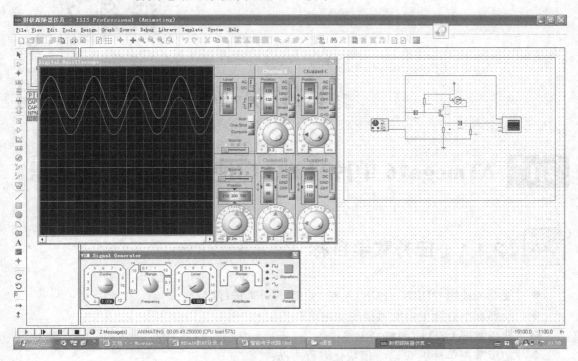

图 1-35　PROTEUS 仿真电路运行效果

任务 2

单片机 I/O 口基本应用

2.1 ATmega16 单片机 I/O 口使用概述与目标要求

2.1.1 任务教学目标

- ◆ 能熟练使用 DDRX、PORTX 对 I/O 口的引脚进行配置；
- ◆ 能熟练掌握继电器的典型驱动电路；
- ◆ 熟练掌握 LED 驱动典型电路；
- ◆ 初步掌握单片机 C 语言模块化编程方法；
- ◆ 初步会使用 C 语言中的标志位；
- ◆ 初步掌握并理解独立按键驱动程序。

2.1.2 教学目标知识与技能点介绍

ATmega16 单片机 I/O 口是单片机与外界联系的通道，能对外输出，也感受接收外部的信息。主要有 32 个 I/O 引脚，分别属于 PA 口、PB 口、PC 口及 PD 口。

1. ATmega16 单片机的型号含义

- ● ATmega16 中 16 表示它的 Flash 容量为 16KB。
- ● 芯片型号里面的"L"代表支持低电压：2.7～5.5V；不带"L"电压则为：4.5～5.5V。
- ● 型号后半部分的数字"8"和"16"分别代表 CPU 时钟频率范围为：0～8MHz 和 0～16MHz。
- ● 上面两项电压范围和频率范围是关联的，低压对应低频率，正常电压对应高频率。
- ● 型号最后的"PU"代表 DIP 直插封装，"AU"代表 TQFP 贴片封装、工业级产品。

2. ATmega16 单片机 I/O 口使用

AVR 的 I/O 口作为通用数字 I/O 口使用时，单是控制端口的寄存器就有 4 个 PORTxn、DDRxn、PINxn、SFIOR（SFIOR 中的 PUD 位）。本节所有的寄存器和位以通用格式表示：大写的"X"表示端口的序号，而小写的"n"代表位的序号；但是在程序里一定要写完整。其通用 I/O 口配置如表 2-1 所示。

表 2-1　端口引脚配置

DDRXn	PORTXn	PUD（in SFIOR）	I/O	上拉电阻	说　明
0	0	x	Input	No	高阻态（Hi-Z）
0	1	0	Input	Yes	被外部电路拉低时将输出电流
0	1	1	Input	No	高阻态（Hi-Z）
1	0	x	Output	No	输出低电平（吸收电流）
1	1	x	Output	No	输出高电平（输出电流）

- 数据寄存器 PORTX 和数据方向寄存器 DDRX 为读/写寄存器，而端口输入引脚 PINX 为只读寄存器。
- 需要特别注意的是：对 PINX 寄存器某一位写入逻辑"1"将造成数据寄存器相应位的数据发生"0"与"1"的交替变化。
- 当寄存器 MCUCR 的上拉禁止位 PUD 置位时所有端口引脚的上拉电阻都被禁止。
- DDRXn 用来选择引脚的方向。DDRXn 为"1"时，PORTXn 配置为输出，否则配置为输入。
- 引脚配置为输入时，若 PORTXn 为"1"，上拉电阻将使能。如果需要关闭这个上拉电阻，可以将 PORTXn 清零，或者将这个引脚配置为输出。
- 复位时各引脚为高阻态，即使此时并没有时钟在运行。
- 当引脚配置为输出时，若 PORTXn 为"1"，引脚输出高电平（"1"），否则输出低电平（"0"）。
- 在（高阻态）三态（{DDRXn, PORTXn}=0b00）、输出高电平（{DDRXn, PORTXn}=0b11）两种状态之间进行切换时，上拉电阻使能（{DDRXn, PORTXn}= 0b01）或输出低电平（{DDRXn,PORTXn}=0b10）这两种模式必然会有一个发生。通常，上拉电阻使能是完全可以接受的，因为高阻环境不在意是强高电平输出还是上拉输出。如果使用情况不是这样子，可以通过置位 SFIOR 寄存器的 PUD 来禁止所有端口的上拉电阻。
- 在上拉输入和输出低电平之间切换也有同样的问题。用户必须选择高阻态（{DDRXn, PORTRXn}=0b00）或输出高电平（{DDRXn，PORTXn}=0b11）作为中间步骤。

3. 通用数字 I/O 口使用注意事项

（1）通用数字 I/O 口具备多种 I/O 模式。

- 高阻态：多用于高阻模拟信号输入，如 ADC 模数转换器输入、模拟比较器输入。
- 弱上拉状态（R_{up}=20~50kΩ）：输入用。为低电平信号输入作了优化，省去外部上拉电阻，如按键输入、低电平中断触发信号输入。
- 推挽强输出状态：驱动能力特强（>20mA），可直接推动 LED，而且高低驱动能力对称。

（2）写用 PORTX，读取用 PINX。不论如何配置 DDRXn，都可以通过读取 PINXn 寄存器来获得引脚电平。

（3）应用单片机时，尽量不要把引脚直接接到 GND/VCC，当设定不当时，I/O 口将会输出/灌入 80mA（V_{CC}=5V 时）的大电流，导致器件损坏。

（4）作为输入时：

● 通常要使能内部上拉电阻，悬空（高阻态）将会很容易受干扰；

● 尽量不要让输入悬空或模拟输入电平接近 $V_{CC}/2$，否则将会消耗太多的电流，特别是低功耗应用场合；

● 读取软件赋予的引脚电平时需要在赋值指令 out 和读取指令 in 之间有一个时钟周期的间隔，如 nop 指令；

● 功能模块（中断、定时器）的输入可以是低电平触发，也可以是上升沿触发或下降沿触发；

● 用于高阻模拟信号输入，切记不要使能内部上拉电阻，否则影响精确度，如 ADC 模数转换器输入、模拟比较器输入等。

（5）作为输出时采用必要的限流措施，例如驱动 LED 要串入限流电阻。

（6）复位时内部上拉电阻将被禁用。如果应用中（例如电机控制）需要严格的电平控制，请使用外接电阻固定电平。

（7）当 ATmega16 休眠时：

● 作为输出的，依然维持状态不变；

● 作为输入的，一般无效，但如果使能了第二功能（中断使能），其输入功能有效。例如外部中断的唤醒功能。

4. I/O 口寄存器配置方法

ATmega16 单片机的 C 语言中没有扩展位操作（布尔操作，51 单片机有 sbit），所以 AVR 的 C 语言需要采用位逻辑运算来实现位操作，这是必须要掌握的。

例如，在头文件 iom16v.h 里面已经定义了 #define PA7 7，假定 PA 口已经设置为输出，此时：

设置 PA7 为 1，PORTA|=(1<<PA7);

设置 PA7 为 0，PORTA&=~(1<<PA7);

PA7 取反，PORTA^=(1<<PA7);

设置 PA7 的方向为输出，DDRA|=(1<<PA7);

设置 PA7 的方向为输入，DDRA&=~(1<<PA7);

设置 PA7 的方向为输入，内部电阻上拉使能 PORTA|=(1<<PA7)，DDRA&=~(1<<PA7);

假定 PA 口已经设置为输入，此时：

检测 PA7 是否为 1　　if(PINA&(1<<PA7))
{代码}

检测 PA7 是否为 0　　if(!(PINA&(1<<PA7)))
{代码}

在 ATmega16 单片机的程序代码中一定要注意 I/O 寄存器操作的顺序，因为 AVR 系列单片机上电后的默认值为：DDRX=0x00，PORTX=0x00，其表现为输入，无上拉电阻。

比如，使用 PA 口驱动 LED，低电平灯亮，如图 2-1 所示。

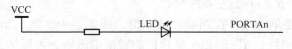

图 2-1　PA 口驱动 LED 示意图

初始化方法 1：

PORTA=0xFF;	//内部上拉，高电平
DDRA=0xFF;	//输出高电平

在这种初始化方法的操作顺序下，灯一直是灭的。

初始化方法 2：

DDRA=0xFF;	//输出低电平，LED 被点亮了
PORTA=0xFF;	//输出高电平，LED 马上熄灭了，时间很短（1 个指令不到 1μs 时间）

在这种初始化方法的操作顺序下，LED 闪了一下，但时间很短，不到 1μs，人的眼睛无法察觉，所以 I/O 口的寄存器初始化顺序要控制好。

5. 继电器典型驱动电路

继电器是一种电流控制器件。它具有控制系统（又称输入回路）和被控制系统（又称输出回路）之间的互动关系。通常应用于自动化的控制电路中，它实际上是用小电流去控制大电流运作的一种"自动开关"。故在电路中起着自动调节、安全保护、转换电路等作用。

所谓继电器的驱动，是指使继电器线包电流通/断的开关。如果没有电子驱动，则只有手动。

继电器线圈需要流过较大的电流（约 50mA）才能使继电器吸合，一般的集成电路不能提供这样大的电流，因此必须进行扩流，即驱动。

图 2-2 所示为用 NPN 型三极管驱动继电器的电路图，图中继电器电路由二极管保护、三极管电流放大构成，继电器线圈作为集电极负载而接到集电极和正电源之间。当输出为低电平时，三极管截止，继电器线圈无电流流过，则继电器释放（OFF）；相反，当输出为高电平时，三极管饱和，继电器线圈有相当的电流流过，则继电器吸合（ON）。

当输入电压由高变低时，三极管由饱和变为截止，这样继电器电感线圈中的电流突然失去了流通通路，若无续流二极管 D 将在线圈两端产生较大的反向电动势，极性为下正上负，电压值可达一百多伏，这个电压加上电源电压作用在三极管的集电极上足以损坏三极管。故续流二极管 D 的作用是将这个反向电动势通过图中箭头所指方向放电，使三极管集电极对地的电压最高不超过 $+V_{CC}+0.7V$。

图 2-2 中电阻 R2 和 R3 的取值必须使当输入为 $+V_{CC}$ 时的三极管可靠地饱和，即有 $\beta I_b > I_{es}$。

例如，在图 2-2 中假设 $V_{CC} = 5V$，$I_{es}=50mA$，$\beta=100$，则有 $I_b>0.5mA$。

而
$$I_b=(V_{ce}-V_{be})/R_1-V_{be}/R_2$$
则
$$(5V-0.7V)/R_1-0.7V/R_2>0.5mA$$

　　若 R_2 取 4.7kΩ，则 R_1<6.63kΩ。为了使三极管有一定的饱和深度和兼顾三极管电流放大倍数的离散性，一般取 R_1=3.6kΩ 左右即可。

　　若取 R_1=3.6kΩ，当集成电路控制端为+V_{CC} 时，应能至少提供 1.2mA 的驱动电流（流过 R1 的电流）给本驱动电路，ATmega16 单片机的输出电流能力可以达到 5mA 左右。而许多集成电路（如标准 8051 单片机）输出的高电平不能达到这个要求，但它的低电平驱动能力则比较强 [例如，ATmega16 单片机 I/O 口输出低电平能提供 80mA 的驱动电流（这里说的是灌电流）]，则应该用如图 2-3 所示的电路来驱动继电器。

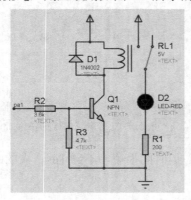
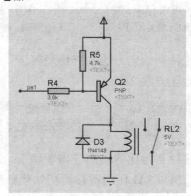

图 2-2　NPN 型三极管继电器驱动电路　　　　图 2-3　PNP 型三极管继电器驱动电路

　　一般情况下，单片机驱动外部执行器件的电路采用低电平（灌电流）驱动原则。

6. LED 典型驱动电路

　　普通 LED 的工作电压约为 1.8V，工作电流约为 10mA。如果使用的电压为+5V，有两种驱动电路，即共阳极电路如图 2-4 所示，共阴极电路如图 2-5 所示。据此，限流电阻阻值计算公式为

$$R = \frac{V - V_0}{I} = \frac{5 - 1.8}{10} = 320\Omega$$

所以将限流电阻阻值设置为 320Ω。

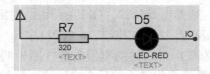

图 2-4　共阳极电路　　　　　　　　　　图 2-5　共阴极电路

7. 单片机 C 语言模块化编程

1）模块化程序设计简介

　　用模块化方法进行程序设计的技术在 20 世纪 50 年代就出现雏形。在进行程序设计时把一个大的程序按照功能划分为若干小的程序，每个小的程序完成一个确定的功能，在这些小的程序之间建立必要的联系，互相协作完成整个程序要完成的功能。我们称这些小的程序为程序的模块。

　　通常规定模块只有一个入口和出口，使用模块的约束条件是入口参数和出口参数。

用模块化的方法设计程序，其过程犹如搭积木的过程，选择不同的积木块或采用积木块不同的组合就可以搭出不同的造型来。同样，选择不同的程序块或程序模块的不同组合就可以完成不同的系统架构和功能。

将一个大的程序划分为若干不同的相对独立的小程序模块，正是体现了抽象的原则，这种方法已经被人们所接受。把程序设计中的抽象结果转化成模块，不仅可以保证设计的逻辑正确性，而且更适合项目的集体开发。各个模块分别由不同的程序员编制，只要明确模块之间的接口关系，模块内部细节的具体实现可以由程序员自己随意设计，而模块之间不受影响。C 语言中的模块叫函数。

2）模块化程序设计思路

模块化程序设计的思路是这样的：将一个大的程序按功能分割成一些小模块，即把具有相同功能的函数放在一个文件中，然后在主程序里面把这个文件作为像编译器里面的那些函数文件一样用#include 指令把这个文件包含到主程序文件中，那么在主程序中就可以直接调用这个文件中定义好的函数来实现特定的功能，而在主程序中不用声明和定义这些函数。这样就使主程序显得更加精练，可读性也会增强。同时，我们把具有相同功能的函数放在同一个文件中，这样有一个很大的优点是便于移植，我们可以将这个模块化的函数文件很轻松地移植到别的程序中。如果电路的引脚排列情况一样的话，我们甚至可以不用进行任何更改就能移植到别的程序中。移植的时候只需要一条简单的#include 指令就可以了。

3）模块化程序设计的实现

模块化程序的实现是：

将具有相同功能的函数编写成一个语言文件，然后在主程序中包含该文件，这样在主程序中就可以调用这个文件中的函数了。

一般的做法是：将不同模块都封装成一个文件，然后在主程序中包含这些文件。通常我们将一个模块的端口定义、初始化设置以及函数声明放在一个扩展名为 ".h" 的头文件中，而将具体的函数定义（函数体）放在一个扩展名为 ".c" 的 c 语言文件中。在编写主程序的时候，用预编译指令 "#include " 将 ".h" 文件包含到主程序中（就像我们调用编译器中的各种应用库文件一样，比如在 ICCAVR 中要调用 I/O 定义头文件时我们要使用 "#include <iom16v.h" 这条指令将 I/O 头文件包含到主程序中）。同时将 ".c" 文件添加到主程序所在的项目组中。

4）模块化程序设计需要注意的两点

（1）模块化程序设计中的重复声明。

在编写模块程序的过程中，我们在编写具体函数实现的 ".c" 文件时，需要调用包含相关的端口定义和函数声明的 ".h" 文件，调用时，我们使用 "#include" 预编译指令来调用 ".h" 文件。同样，在编写主程序文件时，我们仍然需要将调用模块的 ".h"文件包含到主程序中，这样就出现了一个单片机系统程序中同一个文件被多次调用的情况，这在很多编译系统中进行编译的时候会有 "XX.h" 文件被重复调用的编译警告或错误提示。事实上，在同一个单片机系统程序中，在编译的时候出现任何的警告或者错误提示都表示我们的程序编写得有问题，虽然有些警告信息不会影响程序的最终运行结果，但我们希望编译程序的时候不出现任何的警告或者错误提示。那这种重复调用的情况该怎么避免呢？一种解决方法是，当我们在调用某一个程序文件时，先判断一下在前面的程序里面是否已经定义或者调用了这个文件，如果这个文件没有被定义或者调用，那么我们就执行调用指令，否则我们就略过调用指令。要实现这种判断，我们需要用到条件预编译指令：

"#ifndef"、"#define"、"#endif"

这3条指令使用格式如下：

```
#ifndef   xxxxx
语句块 1
#define    xxxxxx
语句块 2
#endif
```

具体作用是：

```
//如果没有定义文件 xxxxxx 以及语句块 1；
#ifndef   xxxxx（该处可以为文件名）
语句块 1
//定义文件 xxxxxx 以及语句块 2
#define    xxxxxx
语句块 2
//结束文件 xxxxxx 以及语句块的定义
#endif
```

（2）不同模块之间的函数调用。

一般情况下，我们定义的函数和变量是有一定的作用域的，也就是说，我们在一个模块中定义的变量和函数，它的作用只限于本模块文件和调用它的程序文件范围内，而在没有调用它的模块程序里面，它的函数是不能被使用的。

在编写模块化程序的时候，我们经常会遇到一种情况，即一个函数在不同的模块之间都会用到，最常见的就是延时函数，一般的程序中都需要调用延时函数。出现这种情况该怎么办？难道需要在每个模块中都定义相同的函数？那程序编译的时候会提示我们有重复定义的函数。而我们只好在不同的模块中为相同功能的函数起不同的名字，这样岂不是做了很多重复劳动，这样的重复劳动还会造成程序的可读性变得很差。怎么办？

同样的情况也会出现在不同模块程序之间传递数据变量的时候。

在这样的情况下，一种解决办法是：使用文件包含命令"#include"将一个模块的文件包含到另一个模块文件中，这种方法在只包含很少的模块文件的时候是很方便的，对于比较大的、很复杂的包含很多模块文件的单片机应用程序，在每一个模块里面都使用包含命令就很麻烦了，并且很容易出错。

出现这种情况的原因是我们在编写单片机程序的时候，我们所定义的函数和变量都被默认为是局部函数和变量，那么它们的作用范围当然是在调用它们的程序之间了。如果我们将这些函数和变量定义为全局的函数和变量，那么，在整个单片机系统程序中，所有的模块之间都可以使用这些函数和变量。

最好的解决方法是：将需要在不同模块之间互相调用的文件声明为外部函数、变量（或者全局函数、变量）。

将函数和变量声明为全局函数和变量的方法是：在该函数和变量前面加"extern"修饰

符。"extern"的英文意思就是"全局"，这样我们就可以将加了"extern"修饰符的函数和变量声明为全局函数和变量，那么在整个单片机系统程序的任何地方，我们都可以随意调用这些全局函数和变量。

8．C 语言中标志位的使用

C 语言中一般设置一个变量 flag，是一个来表示判断的变量，当作标志。例如，在一种情况时，置 flag 为 1；在另外一种情况时，置 flag 为 2。 变量名为 flag，只是习惯问题，也可以取别的名字，但是如果用好了，一般能起到非常好的作用。

9．独立按键扫描

1）按键的结构

按键按照结构原理可分为两类，一类是触点式开关按键，如机械式开关、导电橡胶式开关等；另一类是无触点开关按键，如电气式按键、磁感应按键等。前者造价低，后者寿命长。单片机系统常用按键如图 2-6 所示。

图 2-6　单片机系统常用按键

2）键盘的接口

按键按照接口原理可分为编码键盘与非编码键盘两类。这两类键盘的主要区别是识别键符及给出相应键码的方法：

（1）编码键盘主要用硬件来实现对按键的识别，硬件结构复杂；

（2）非编码键盘主要由软件来实现按键的定义与识别，硬件结构简单，软件编程量大。

这里将要介绍的独立式按键是非编码键盘。

3）按键的消抖

机械式按键在按下或释放时，由于机械弹性作用的影响，通常伴随有一定时间的触点机械抖动，然后其触点才稳定下来，抖动时间一般为 5～10ms，如图 2-7 所示。

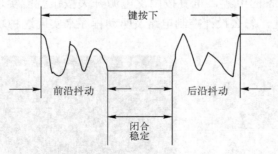

图 2-7　按键抖动

在触点抖动期间检测按键的通与断状态，可能导致判断出错。

4）独立式键盘的设计

键盘也被称为独立式键盘，其中，每个键对应 I/O 端口的一位，没有键闭合时，各位均处于高电平；当有一个键按下时，就使对应位接地成为低电平，而其他位仍为高电平。这样，CPU 只要检测到某一位为 "0"，便可判别出对应键已经按下。独立式键盘原理图如图 2-8 所示。

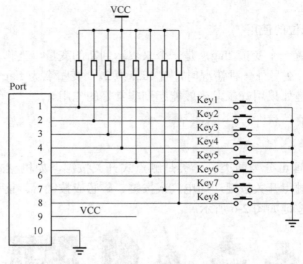

图 2-8　独立式键盘原理图

这种键盘有一个很大的缺点，就是当键盘上的键较多时，引线太多，占用的 I/O 端口也太多，所以，只适用于仅有几个键的小键盘。

2.2　项目 1：空调器开关电源指示控制系统设计

2.2.1　项目背景

在日常生活中常见的一些电子设备的控制面板上有电源开关的按钮，如图 2-9 所示，如果要打开或关断电子设备的电源，重复按两次电源开关按钮就能实现这种功能，如果采用 ATmega16 单片机来实现，怎么设计控制电路及驱动程序来实现这种功能呢？

图 2-9　电子设备控制面板

2.2.2 项目方案设计

方案设计是设计项目的硬件结构，这在电子产品设计过程中是最早的一步，也是最重要的一步，是系统项目的顶层设计，这部分设计得好不好，对整个工程的影响至关重要。

根据系统要实现的功能，需要一个输入电路即电源按键开关；一般电气设备（空调）执行机构（压缩机）需要高电压、大电流驱动，因为单片机的电流输出能力较弱，因此需要继电器来执行，本项目的电源（虚线部分）设计略去。项目方案框图如图 2-10 所示。

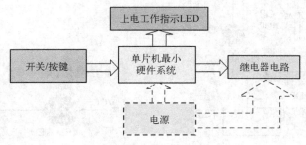

图 2-10　项目方案框图

根据功能的需要，系统硬件需要单片机的 I/O 口外接一个按键电路、一个上电工作指示电路、一个继电器驱动电路和一个单片机。**单片机外围电路选择的原则是尽量让单片机输出低电平时驱动，确保单片机在智能处理系统中处在数据处理及控制的核心地位。**

2.2.3 项目硬件电路设计

1. I/O 引脚分配

ATmega16 单片机共有 32 个 I/O 引脚，按键接在哪个引脚、继电器接在哪个引脚需要事先分配好。这是项目的 PCB 设计及软件设计的依据。根据要求本项目的按键及继电器的 I/O 引脚分配如表 2-2 所示。

2. 开关按键设计

单片机识别按键的按下与否是通过按键电路的高低电平变化来识别的，因为 ATmega16 单片机可以通过 I/O 口寄存器的配置使能内部上拉电阻，即通过：

PORTA|=(1<<PA0);

DDRA&=~(1<<PA0);

按键电路如图 2-11 所示。按键没按下时 PA0 端口是高电平，按下后拉低为低电平。

表 2-2　I/O 引脚分配

按键	继电器	上电指示 LED
PA0	PA1	PA2

图 2-11　按键电路

3．继电器电路设计

为了使单片机弱电系统能控制强电执行机构（比如空调压缩机），一般使用继电器作为强弱电接口，继电器的常开端口接 LED 模拟压缩机，如图 2-12 所示。根据 LED 控制电路的特点，以及空调电源指示一般情况，可以用一只红色的 LED 灯来指示电源的开断，并接在 PA2 端口上，如图 2-13 所示。项目总体电路如图 2-14 所示。

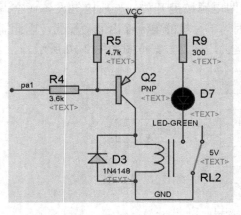

图 2-12　继电器电路

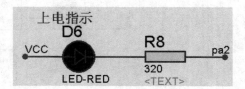

图 2-13　电源指示电路

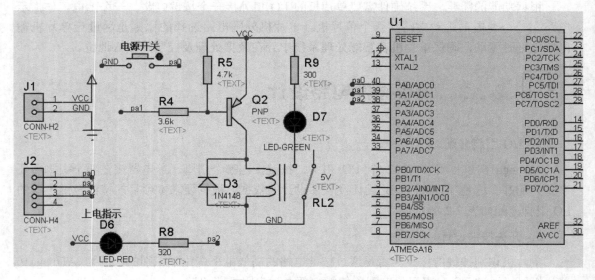

图 2-14　项目总体电路

2.2.4　项目驱动软件设计

1．项目程序架构

项目程序架构如图 2-15 所示。

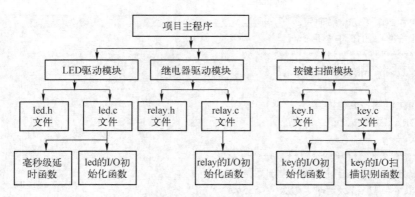

图 2-15　项目程序架构

2．LED 驱动模块

1）led.h 文件

```
/*******************************
文件名称：LED.h 文件
功能：采用预编译指令防止头文件重复包含，同时将开关模块的端口定义、初始化设置以及
函数声明放在其中
设计者：电子信息教研室
*******************************/
#ifndef LED_H
#define LED_H

#include<iom16v.h>
#define uint unsigned int
#define uchar unsigned char

#define led_on PORTA&=~(1<<PA2)
#define led_off PORTA|=(1<<PA2)
/*******************************
函数声明：I/O 口初始化函数、软件延时函数
*******************************/
void led_io_init(void);
void delay_nms(uint nms);

#endif
```

2）led.c 文件

```
#include"led.h"
/*******************************
函数名称：LED 的 I/O 口初始化函数
功能：把按键 I/O PA2 口配置为输出，初始输出为高电平
入口参数：无
出口参数：无
```

```
设计者：电子信息教研室
设计日期：2015 年 7 月 16 日
*******************************/
void led_io_init(void)
{
  PORTA|=(1<<PA2);
  DDRA|=(1<<PA2);
}
/*******************************
函数名称：软件延时函数（内部晶振 1MHz）
功能：实现毫秒级延时，最大 65 535ms
入口参数：nms 无符号整型变量，最大值 65 535
出口参数：无
设计者：电子信息教研室
设计日期：2015 年 7 月 16 日
*******************************/
void delay_nms(uint nms)
{
  uint i,j;
  for(i=nms;i>0;i--)
    for(j=110;j>0;j--);
}
```

3. 继电器驱动模块程序设计

1) 继电器 relay.h 文件设计

```
/*******************************
文件名称：开关.h 文件
功能：采用预编译指令防止头文件重复包含，同时将开关模块的端口定义、初始化设置以及
函数声明放在其中
设计者：电子信息教研室
*******************************/
#ifndef RELAY_H
#define RELAY_H

#include"led.h"

#define relay_on PORTA&=~(1<<PA1)
#define relay_off PORTA|=(1<<PA1)


/*******************************
函数声明：I/O 口初始化函数、按键扫描函数、软件延时函数
*******************************/
void relay_io_init(void);

#endif
```

2）继电器 relay.c 文件设计

```c
#include "relay.h"
/*****************************
函数名称：I/O 口初始化函数
功能：把继电器 I/O 口配置为输出，上电后输出为低电平
        电源工作指示 I/O 接 PA2，配置为输出
入口参数：无
出口参数：无
设计者：电子信息教研室
设计日期：2015 年 7 月 16 日
*****************************/
void relay_io_init(void)
{
  PORTA|=(1<<PA1);
  DDRA|=(1<<PA1);
}
```

4．按键扫描函数模块的设计

1）独立按键的 key.h 文件设计

```c
/*****************************
文件名称：按键函数头文件
功能：按键的宏定义及函数声明
设计者：淮安信息
设计日期：2015 年 7 月 24 日
*****************************/
#ifndef KEY_H
#define KEY_H

#include"relay.h"//包含继电器头文件，不再重复定义
/*****************************
函数声明：按键 I/O 口初始化函数、按键扫描函数、软件延时函数
*****************************/
void key_io_init(void);
uchar key_scan(void);
#endif
```

2）key.c 文件设计

随着单片机技术的发展，一般小型电子产品的按键需求也不多，独立按键的扫描简单，容易理解，初学者应首先掌握。独立按键扫描过程如下，如图 2-16 所示。

```c
/*****************************
函数名称：独立按键扫描函数
功能：实现按键扫描，并给出按键的赋值
入口参数：无
出口参数：按键的赋值
```

```
设计者：电子信息教研室
设计日期：2015 年 7 月 16 日
*******************************/
uchar key_scan(void)
{
 uchar key_value=0;
 if((PINA&0X01)!=0X01)
 {
  delay_nms(10);
  if((PINA&0X01)!=0X01)
   {
   switch(PINA&0X01)
   {
    case 0x00:key_value=1;break;
        default:break;
   }
  }
  while((PINA&0X01)!=0X01);
 }
 return key_value;
}
```

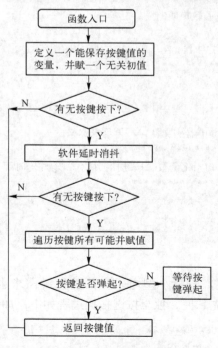

图 2-16　独立按键扫描过程

5. 项目主程序工作流程

项目主程序工作流程如图 2-17 所示。

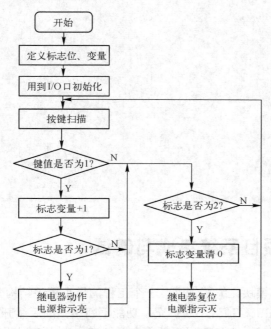

图 2-17 项目主程序工作流程

主程序架构的设计非常重要，在现阶段中国学生学习单片机的技能过程中，程序设计是最大的难点，程序中，主程序是项目功能实现的具体方法，要首先弄清楚。根据 C 语言的模块化编程思想，可以把功能实现划分为一个个模块具体实现，从而主程序只要通过调用函数模块，就能使主程序思路简洁、清晰。主程序代码如下：

```
/*****************************
函数名称：项目主函数
功能：实现开关按键的功能
入口参数：无
出口参数：无
设计者：电子信息教研室
设计日期：2015 年 7 月 16 日
*****************************/
void main(void)
{
 uchar flag=0,key;
 io_init();
 while(1)
 {
  key=key_scan();
  if(key==1)
  {
```

```
    flag++;
    if(flag==1)
    {
     relay_on;
     power_on;
    }
   }
  else if(flag==2)
   {
    flag=0;
    relay_off;
     power_off;
   }
  }
 }
```

2.2.5 项目系统集成与调试

根据单片机 C 语言模块化编程规则，一个工程的最小程序结构分为 XX.h 文件、XX.c 文件、main.c 文件等。在工程项目不断扩充、功能不断增强的后续开发过程中，可以不断地增加 XX.h 文件、XX.c 文件，XX 可以重新命名。注意：一个工程项目中 main.c 即主函数只能有一个。

（1）按照 ICC 集成开发环境使用方法，分别新建 relay.h、relay.c、main.c 三个文件并输入源代码，如图 2-18 所示。

（2）在项目工程文件夹中新建 Headers 及 Files 两个文件夹，如图 2-19 所示。

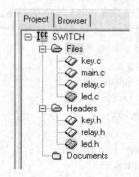

图 2-18　输入源代码文件　　　　　图 2-19　在工程文件夹中新建文件夹

（3）配置工程编译路径及其他选项，如图 2-20 所示。

图 2-20　工程编译路径设置

（4）工程编译，结果如图 2-21 所示。

```
C:\iccv7avr\bin\imakew -f SWITCH.mak
    iccavr -c -IG:\mega16单片机重点教材修订\开关电源指示\驱动程序\Headers -IG:\mega16单片机重点教材修订\:
    iccavr -o SWITCH -g -e:0x4000 -ucrtatmega.o -bfunc_lit:0x54.0x4000 -dram_end:0x45f -bdata:0x60.0x45f
Device 1% full.
Done. Fri Aug 07 15:24:09 2015
```

图 2-21　编译结果

（5）把工程编译结果 switch.cof 文件加载到仿真电路单片机中，如图 2-22 所示。

图 2-22　单片机加载可执行文件

（6）运行，图 2-23 所示为系统加电初始情况，图 2-24 所示为项目仿真第一次按键效果。

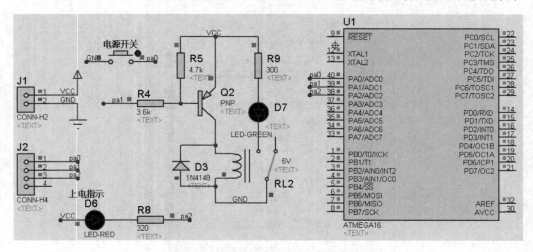

图 2-23　系统加电初始情况

说明：单片机运行程序后，当第一次按下电源开关按键时，上电工作指示 LED 亮，同时继电器动作，继电器所接 LED 亮模拟压缩机工作，如图 2-23 所示。

当再次按下电源开关按键后，电源运行工作指示 LED 灭，继电器复位，模拟压缩机停止，工作 LED 灭，如图 2-24 所示。

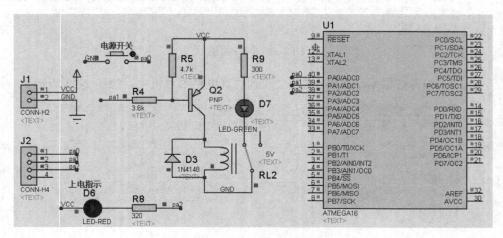

图 2-24　项目仿真第一次按键效果

知识巩固

1．ICC 建立一个工程开发环境的使用步骤如何？

2．ATmega16 单片机的 I/O 口寄存器分别是什么？

3．如何把 PB2 引脚配置成方向为输入、内部上拉电阻使能？

4．一个单片机工程的模块化编程需要的文件如何建立？分几个部分？

5. 条件预编译指令的功能是什么？
6. 常用发光二极管的接法有几种？其限流电路如何选取？
7. 常用继电器的典型电路接法有几种？工作原理是什么？
8. 单片机软件延时函数是如何实现延时功能的？
9. 为什么要对单片机的 I/O 口进行初始化？初始化的原则是什么？
10. 独立按键的扫描过程如何？按键扫描函数如何使用？
11. 延时函数如何使用？
12. 本项目中标志位 flag 起到什么作用？是如何工作的？

拓展练习

1. 请在单片机的 PB1、PB2 两个引脚接两个按键，PD0 引脚接共阴极接法 LED，请实现按下第一个按键后 LED 亮，按下第二个按键后 LED 灭。在 PROTEUS 仿真软件中实现。
2. 思考继电器的线圈端与动作触点端的地在接法上有区别吗？
3. 请在单片机的 PA4 引脚接一个按键，PD7 引脚接一只 LED，编程实现当按键按下一次后，LED 能以间隔 1s 的时间闪烁 8 次，结束后，再次按下按键后，LED 能以间隔 2s 的时间闪烁 4 次。请在 PROTEUS 仿真软件中实现此功能。

2.3　项目 2：多功能霓虹灯控制系统设计

2.3.1　项目背景

每当夜幕降临，城市便被绚烂多彩的各式霓虹灯渲染，不同颜色的灯光按照一定规律闪亮，给人以美的享受，如图 2-25 所示。本项目将使用 ATmega16 单片机为控制核心，多只不同颜色的 LED 组合，通过多只按键控制以不同的方式闪烁，并在 PROTEUS 仿真软件中实现功能。

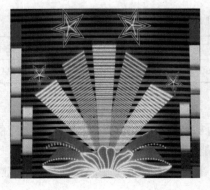

图 2-25　LED 霓虹灯

实现的功能如下：

按下模式 1 按键后——按模式 1 闪烁、模式 1 指示灯亮；

按下模式 2 按键后——按模式 2 闪烁、模式 2 指示灯亮；

按下模式 3 按键后——按模式 3 闪烁、模式 3 指示灯亮；

按下组合循环按键后——模式 1、2、3 顺序闪烁，无限循环。

 ## 2.3.2 项目方案设计

根据项目要实现的功能，需要 4 个按键进行输入功能选择。LED 霓虹灯的画面组合可以充分使用 PROTEUS 的网络标号功能，使设计的 LED 画面能有一定意义，可以选择不同颜色的二极管设计，可以使用两只 LED 串联组合设计。方案的虚线电源部分不在本课程讨论范围，但是可以使用特定接口器件表示，为学生真正设计 PCB 版图养成良好的习惯。模式指示 LED 分别用 3 只 LED 表示，选择不同模式按键，对应的 LED 亮，如图 2-26 所示。

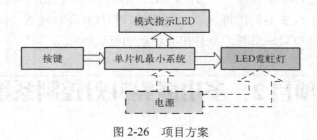

图 2-26 项目方案

 ## 2.3.3 项目硬件电路设计

1. 单片机 I/O 引脚分配

单片机 I/O 引脚分配如表 2-3 所示。

表 2-3 单片机 I/O 引脚分配

按键 1	按键 2	按键 3	按键 4	指示 1	指示 2	指示 3	霓虹灯接口
PD0	PD1	PD2	PD3	PB0	PB1	PB2	PA0~PA7

2. 按键电路设计

如图 2-27 所示，为充分使用单片机的内部特性，按键可以直接接入对应的 I/O 引脚上，运用 I/O 的寄存器配置成内部上拉电阻使能，进一步减少硬件电路成本。

通过寄存器的配置，按键的 I/O 口接入端在按键弹起状态是高电平，当按键按下后，被地拉低。

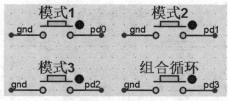

图 2-27　按键电路

3．模式指示 LED 电路设计

如图 2-28 所示，使用 3 种不同颜色的 LED 作为指示，当霓虹灯按不同闪烁模式工作时，对应的指示灯亮。

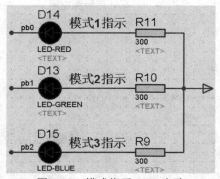

图 2-28　模式指示 LED 电路

4．霓虹灯电路设计

如图 2-29 所示，PA0～PA3 这 4 个 I/O 引脚的 LED 采用两只不同发光二极管串联，根据 LED 工作电流 10mA 计算出限流电阻的阻值约为 100Ω；PA4～PA7 这 4 个 I/O 引脚接单只 LED，限流电阻阻值为 300Ω。所有的 LED 电路采用共阳极接法。限流电阻如图 2-30 所示。

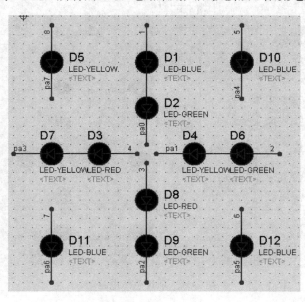

图 2-29　霓虹灯电路

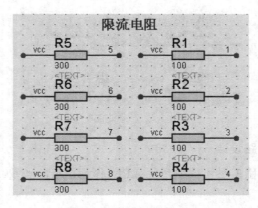

图 2-30　霓虹灯限流电阻

5．项目总体电路

项目总体电路如图 2-31 所示。

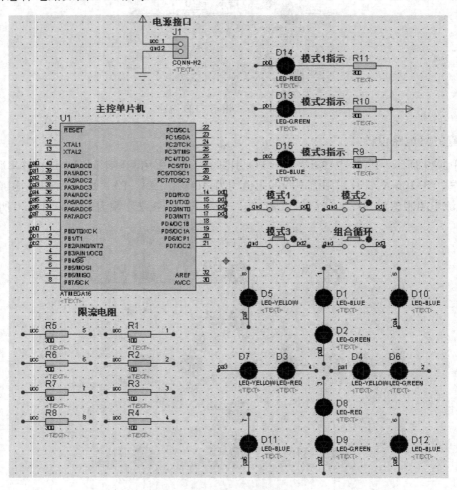

图 2-31　项目总体电路

2.3.4　项目驱动软件设计

1．项目程序架构

项目程序架构如图 2-32 所示。

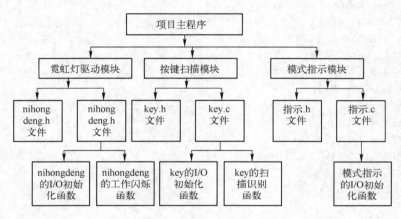

图 2-32　项目程序架构

2．霓虹灯的 I/O 口初始化

根据 I/O 口分配表及外接元件的特性，分别设置各个 I/O 口的方向。如果为输入，则配置是否上拉电阻使能；如果为输出，则确定初始输出值为高电平还是为低电平。代码如下：

```
/*******************************************
函数名称：霓虹灯 I/O 口初始化函数
函数功能：实现项目所用的 I/O 口方向及数据寄存器的配置
函数入口：无
函数出口：无
设计者：电子信息教研室
设计日期：2015 年 7 月 20 日
*******************************************/
void nihong_deng_io_init(void)
{
  PORTA=0Xff;
  DDRA=0XFF;
}
```

3．霓虹灯的工作实现函数设计

```
/*******************************************
函数名称：霓虹灯工作模式 1
函数功能：PA 口低 4 位顺序点亮，间隔 1s，高 4 位不良
函数入口：无
```

```
函数出口：无
设计者：电子信息教研室
设计日期：2015 年 7 月 20 日
*********************************************/
void led_shine1(void)
{
  PORTA&=~(1<<PA0);
  delay_nms(1000);
  PORTA&=~(1<<PA1);
  delay_nms(1000);
  PORTA&=~(1<<PA2);
  delay_nms(1000);
  PORTA&=~(1<<PA3);
  delay_nms(200);
  PORTA|=(1<<PA0);
  PORTA|=(1<<PA1);
  PORTA|=(1<<PA2);
  PORTA|=(1<<PA3);
  delay_nms(1000);
}
/*********************************************
函数名称：霓虹灯工作模式 2
函数功能：PA 口高 4 位连续闪烁 4 次，间隔 0.5s
函数入口：无
函数出口：无
设计者：电子信息教研室
设计日期：2015 年 7 月 20 日
*********************************************/
void led_shine2(void)
{
  uchar i;
  for(i=0;i<4;i++)
  {
    PORTA&=~(1<<PA4);
    PORTA&=~(1<<PA5);
    PORTA&=~(1<<PA6);
    PORTA&=~(1<<PA7);
    delay_nms(500);
    PORTA|=(1<<PA4);
    PORTA|=(1<<PA5);
    PORTA|=(1<<PA6);
    PORTA|=(1<<PA7);
    delay_nms(500);
  }
}
/*********************************************
函数名称：霓虹灯工作模式 3
```

函数功能：PA 口所有连接的 LED 顺序点亮一遍

函数入口：无

函数出口：无

设计者：电子信息教研室

设计日期：2015 年 7 月 20 日

**************************************/

```
void led_shine3(void)
{uchar i;
   for(i=1;i<9;i++)
   {
       PORTA=(0XFF<<i);
       delay_nms(1000);
   }
}
```

4. 按键 I/O 初始化函数设计

```
/*******************************
函数名称：按键 I/O 口初始化函数
功能：把按键 I/O PA0 口配置为输入、内部上拉电阻使能
入口参数：无
出口参数：无
设计者：电子信息教研室
设计日期：2015 年 7 月 16 日
*******************************/
void key_io_init(void)
{
 PORTD|=(1<<PD0);
 DDRD&=~(1<<PD0);
 PORTD|=(1<<PD1);
 DDRD&=~(1<<PD1);
 PORTD|=(1<<PD2);
 DDRD&=~(1<<PD2);
 PORTD|=(1<<PD3);
 DDRD&=~(1<<PD3);
}
```

5. 独立按键扫描函数设计

按键扫描函数还是以第一项目的架构来设计，请读者参考，本项目中的函数只是增加为 4 个按键。代码如下：

```
/*******************************
函数名称：独立按键扫描函数
功能：实现按键扫描，并给出按键的赋值
入口参数：无
出口参数：按键的赋值
```

```
设计者：电子信息教研室
设计日期：2015 年 7 月 20 日
********************************/
uchar key_scan(void)
{
 uchar key_value=255;
 if((PIND&0X0F)!=0X0F)
 {
  delay_nms(10);
  if((PIND&0X0F)!=0X0F)
  {
   switch(PIND&0X0F)
   {
     case 0x0e:key_value=0;break;
case 0x0d:key_value=1;break;
      case 0x0b:key_value=2;break;
      case 0x07:key_value=3;break;
      default:break;
   }
  }
  while((PIND&0X0F)!=0X0F);
 }
 return key_value;
}
```

6. 工作模式指示 LED 的 I/O 口初始化

```
/*********************************************
函数名称：霓虹灯模式指示 I/O 口初始化函数
函数功能：实现项目所用的 I/O 口方向及数据寄存器的配置
函数入口：无
函数出口：无
设计者：电子信息教研室
设计日期：2015 年 7 月 20 日
*********************************************/
void led_sign_io_init(void)
{
 PORTB|=(1<<PB0);
 DDRB|=(1<<PB0);

 PORTB|=(1<<PB1);
 DDRB|=(1<<PB1);

 PORTB|=(1<<PB2);
 DDRB|=(1<<PB2);
}
```

7. 项目主程序工作流程

项目主程序工作流程如图 2-33 所示。主函数开始时定义的临时变量为调用按键扫描函数准备，定义的 4 个标志变量为项目功能实现的功能切换准备。4 个标志变量的工作过称为：3 个工作模式按键及组合模式按键都按下时，标志位分别赋值 1，只有 4 个按键都按下后，组合循环闪烁功能才可以实现。

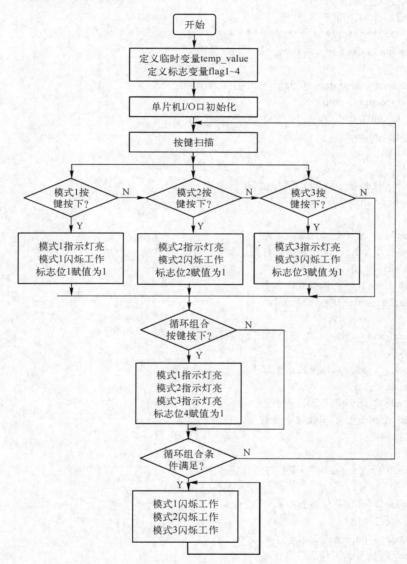

图 2-33 项目主程序工作流程

主函数代码如下：

```
#include "nihong_deng.h"
#include"key.h"
#include"led_sign.h"
```

```
/*********************************************
函数名称：主函数
函数功能：实现霓虹灯 3 种单独模式闪烁和组合循环模式
        不同模式工作对应的指示灯亮，组合循环时指示灯全亮
函数入口：无
函数出口：无
设计者：电子信息教研室
设计日期：2015 年 7 月 20 日
*********************************************/
void main(void)
{
 uchar temp_value,flag1=0,flag2=0,flag3=0,flag4=0;
 nihong_deng_io_init();
 key_io_init();
 led_sign_io_init();
 while(1)
 {
  temp_value=key_scan();//调按键扫描
  if(temp_value==0)//霓虹灯工作模式 1
  {
   mode_1_on;//模式 1 指示灯亮
   mode_2_off;//其他模式指示灯灭
   mode_3_off;
   led_shine1();//工作模式 1 函数
   flag1=1;//模式 1 标志位置 1
  }
  else if(temp_value==1)//霓虹灯工作模式 2
  {
   mode_1_off;//其他模式指示灯灭
   mode_3_off;
   mode_2_on;//模式 2 指示灯亮
   led_shine2();//工作模式 2 函数
   flag2=1;
  }
  else if(temp_value==2)//霓虹灯工作模式 3
  {
   mode_1_off;//其他模式指示灯灭
   mode_2_off;
   mode_3_on;//模式 3 指示灯亮
   led_shine3();//工作模式 3 函数
   flag3=1;
  }
  else if(temp_value==3)//霓虹灯组合工作模式
  {
  flag4=1;//组合工作模式标志置 1
  mode_1_on;//3 种工作模式指示灯全亮
  mode_2_on;
```

```
   mode_3_on;
   }
   else if((flag1==1)&&(flag2==1)&&(flag3==1)&&(flag4==1))//3 种单模式工作后
   {
   led_shine1();//霓虹灯组合工作模式
   led_shine2();
   led_shine3();
   }
  }
}
```

2.3.5　项目系统集成与调试

（1）打开 ICC 集成开发环境，新建 3 个文件，输入代码并保存到指定文件夹中，如图 2-34、图 2-35 所示。

```
File  Edit  Search  View  Project  Tools  Terminal  Help

led_sign.c | led_sign.h | key.c | key.h | main.c | nihong_deng.c | nihong_deng.h |

#include "nihong_deng.h"
#include"key.h"
#include"led_sign.h"
/************************************
函数名称：主函数
函数功能：实现霓虹灯三种单独模式闪烁和组合循环模式
        不同模式工作对应的指示灯亮，组合循环时指示灯全亮
函数入口：无
函数出口：无
设计者：电子信息教研室
设计如期：2015年7月20日
************************************/
void main(void)
{
 uchar temp_value,flag1=0,flag2=0,flag3=0,flag4=0;
 nihong_deng_io_init();
 key_io_init();
 led_sign_io_init();
 while(1)
 {
  temp_value=key_scan();//调按键扫描
  if(temp_value==0)//霓虹灯工作模式1
  {
  mode_1_on;//模式1指示灯亮
  mode_2_off;//其他模式指示灯灭
```

图 2-34　新建工程文件并输入代码　　　　　　　图 2-35　文件添加到工程保存

（2）工程环境配置。

单击 Project 菜单 Options 选项，出现图 2-36 所示配置对话框，选择单片机。

单击 Paths 菜单 Include Paths 条目后的 Add 按钮，如图 2-37 所示，找到工程保存文件夹定位到 Headers 文件夹。

（3）工程编译，单击 Project 菜单下的 Make Project 选项进行工程编译，如图 2-38 所示，编译结果如图 2-39 所示。

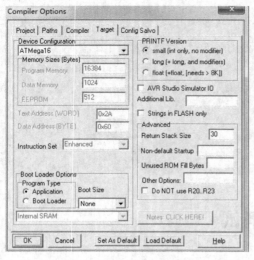

图 2-36　选择单片机

图 2-37　编译路径设置

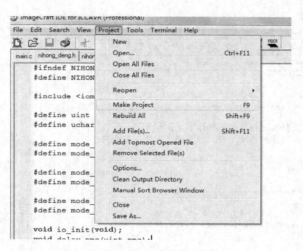

图 2-38　工程编译

```
C:\iccv7avr\bin\imakew -f NIHONHDENG2.mak
    iccavr -c -IG:\mega16单片机重点教材修订\霓虹灯2\nihonhdeng2\Headers -IG:\mega16单片机重点教材修订
    iccavr -o NIHONHDENG2 -g -e:0x4000 -ucrtatmega.o -bfunc_lit:0x54.0x4000 -dram_end:0x45f -bdata:0x
Device 3% full.
Done. Fri Aug 07 19:30:08 2015
```

图 2-39　工程编译结果

（4）打开仿真电路图，如图 2-40 所示。

图 2-40　找到保存的仿真电路并打开

（5）双击单片机找到工程 ".cof" 文件并加载，如图 2-41 所示。

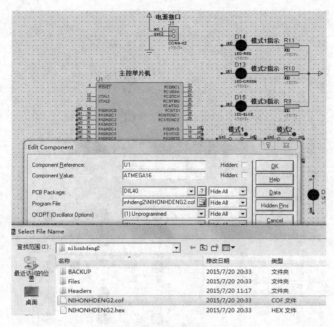

图 2-41　单片机加载可执行文件

（6）运行初始状态如图 2-42 所示。

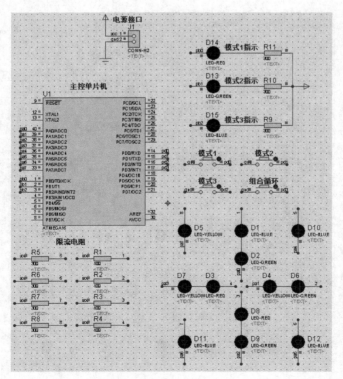

图 2-42　运行初始状态

（7）按下模式 1、2、3 即组合循环按键的效果如图 2-43、图 2-44 所示。

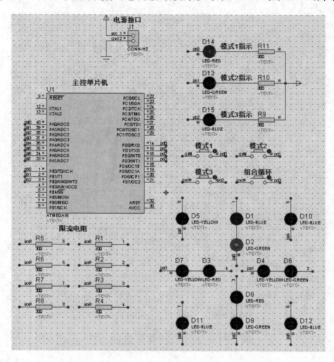

图 2-43　模式 1 工作

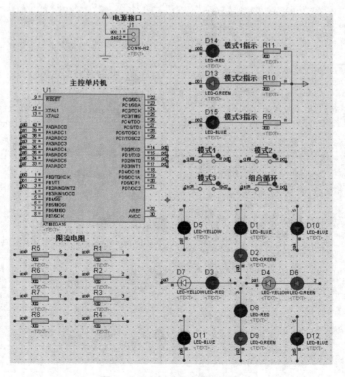

图 2-44　组合循环模式工作

知识巩固

1. AVR 单片机字节操作与位操作有何本质区别？
2. 详细说明本项目主函数的工作步骤。
3. 本项目的组合无限循环闪烁是如何实现的？
4. 本项目的 I/O 口初始化的目的是什么？
5. I/O 口初始化时，其寄存器 PORTX、DDRX 的操作顺序可任意组合吗？为什么？
6. 按键扫描的延时消抖为什么要用 10ms 呢？
7. 一个按键和多个按键的扫描过程中区别何在？
8. 霓虹灯闪烁函数 1 的闪烁过程怎样？
9. 霓虹灯闪烁函数 2 和 3 在实现过程中的区别如何？
10. 两个 LED 串联的限流电阻阻值如何确定？
11. 5V 的电压源能驱动 3 个 LED 串联工作吗？
12. 为什么本项目中工作指示 LED 要单独宏定义？

拓展练习

1. 请自行编写另外两种不同的霓虹灯闪烁函数，并加载到工程中。
2. 请扩展 8 个按键的扫描函数，实现 5 种以上的霓虹灯闪烁模式。

任务 3

单片机外部中断及 I/O 口基本应用

3.1.1 任务教学目标

◆ 掌握数码管典型驱动电路；
◆ 掌握数码管典型程序驱动方法；
◆ 能掌握外部中断使用的初始化方法；
◆ 初步了解 ATmega16 单片机的中断源及中断向量；
◆ 掌握中断服务程序编写方法；
◆ 运用知识解决实际问题的方法。

3.1.2 教学目标知识与技能点介绍

1. 数码管知识介绍

数码管是一种半导体发光器件，其基本单元是发光二极管，如图 3-1 所示。

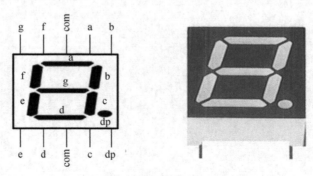

图 3-1　一位八段数码管引脚及外形

1）数码管的分类

数码管按段数分为七段数码管和八段数码管，八段数码管比七段数码管多一个发光二极管单元（多一个小数点显示）；按能显示多少个"8"可分为 1 位、2 位、4 位等数码管；按发光二极管单元连接方式分为共阳极数码管和共阴极数码管。

共阳极数码管是指将所有发光二极管的阳极接到一起形成公共阳极（COM）的数码管。共阳极数码管在应用时应将公共极 COM 接到+5V，当某一字段发光二极管的阴极为低电平时，相应字段就点亮；当某一字段的阴极为高电平时，相应字段就不亮。

共阴极数码管是指将所有发光二极管的阴极接到一起形成公共阴极（COM）的数码管。共阴极数码管在应用时应将公共极 COM 接到地线 GND 上，当某一字段发光二极管的阳极为高电平时，相应字段就点亮；当某一字段的阳极为低电平时，相应字段就不亮。

共阳极数码管与共阴极数码管的原理如图 3-2 所示。

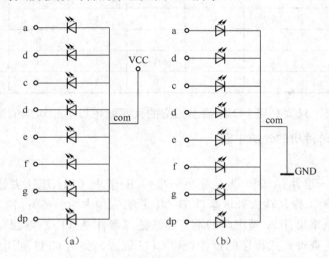

图 3-2　共阳极数码管与共阴极数码管的原理图

2）数码管使用的电流与电压

电流：静态时，推荐使用 10～15mA；动态时，1/16 动态扫描时，平均电流为 4～5mA，峰值电流为 50～60mA。

电压：查引脚排布图，看一下每段的芯片数量是多少。当红色时，使用 1.9V 乘以每段的芯片串联的个数；当绿色时，使用 2.1V 乘以每段的芯片串联的个数。

3）数码管引脚测量与共阴极、共阳极数码管的区分

找公共阴极和公共阳极：首先，我们找个电源（3～5V）和 1 个 1kΩ（几百欧的也行）的电阻，VCC 串接各电阻后和 GND 接在任意两个脚上，组合有很多，但总有一个 LED 会发光的，找到一个就够了，然后 GND 不动，VCC（串电阻）逐个碰剩下的脚，如果有多个 LED（一般是 8 个），那它就是共阴极的了。相反 VCC 不动，用 GND 逐个碰剩下的脚，如果有多个 LED（一般是 8 个），那它就是共阳极的。也可以直接用数字式万用表，红表笔是电源的正极，黑表笔是电源的负极。

4）数码管引脚测量与共阴极、共阳极数码管的区分

在点亮数码管之前一定要先确定数码管是属于共阳极还是共阴极数码管。共阴极数码

管的字码表如表 3-1 所示。共阳极数码管的字码表和表 3-1 正好相反。

表 3-1 共阴极数码管字码表

显示数字	a	b	c	d	e	f	g
0	1	1	1	1	1	1	0
1	0	1	1	0	0	0	0
2	1	1	0	1	1	0	1
3	1	1	1	1	0	0	1
4	0	1	1	0	0	1	1
5	1	0	1	1	0	1	1
6	0	0	1	1	1	1	1
7	1	1	1	0	0	0	0
8	1	1	1	1	1	1	1
9	0	0	0	1	1	0	1

通过表 3-1 可知，只要利用 I/O 口输出相应的代码就可以显示对应的数字。

2．ATmega16 单片机的外部中断

1）中断的概念

CPU 在处理某一事件 A 时，发生了另一事件 B 请求 CPU 迅速去处理（中断发生）；CPU 暂时中断当前的工作，转去处理事件 B（中断响应和中断服务）；待 CPU 将事件 B 处理完毕后，再回到原来事件 A 被中断的地方继续处理事件 A（中断返回），这一过程称为中断。通常是为了避免查询方式程序的设计耗费 CPU 资源，提高 CPU 利用效率。中断过程如图 3-3 所示。

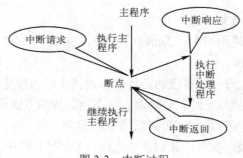

图 3-3 中断过程

2）ATmega16 中断源（按优先级从高到低）

ATmega16 单片机具有 21 个中断源，如表 3-2 所示。每一个中断源都有一个独立的中断向量作为中断服务程序入口地址，而且所有的中断源都有自己的独立的使能位，如果全局中断使能位 I（在状态寄存器 SREG 的最高位）和相应的中断使能位都置位，则在中断标志位置时将执行中断服务程序。

表 3-2 ATmega16 中断源

中断向量号	程序入口地址	中 断 源	终端定义
1	$000	RESET	外部引脚电平引发的复位、上电复位、掉电检测复位、看门狗复位及 JTAG AVR 复位
2	$002	INT0	外部中断请求 0
3	$004	INT1	外部中断请求 1
4	$006	TIMER2 COMP	定时/计数器 2 比较匹配
5	$008	TIMER2 OVF	定时/计数器 2 溢出
6	$00A	TIMER1 CAPT	定时/计数器 1 事件捕获
7	$00C	TIMER1 COMPA	定时/计数器 1 比较匹配 A
8	$00E	TIMER1 COMPB	定时/计数器 1 比较匹配 B
9	$010	TIMER1 OVF	定时/计数器 1 溢出
10	$012	TIMER0 OVF	定时/计数器 0 溢出
11	$014	SPI, STC	SPI 串行传输结束
12	$016	USART, RXC	USART, RX 结束
13	$018	USART, UDRE	USART, 数据寄存器空
14	$01A	USART, TXC	USART, TX 结束
15	$01C	ADC	ADC 转换结束
16	$01E	EE_RDY	EEPROM 就绪
17	$020	ANA_COMP	模拟比较器
18	$022	TWI	两线串行接口
19	$024	INT2	外部中断请求 2
20	$026	TIMER0 COMP	定时/计数器 0 比较匹配
21	$028	SPM_RDY	保存程序寄存器内容就绪

一个中断产生后，全局中断使能位 I 将被清零，后续中断被屏蔽，用户可以在中断服务程序里面对 I 位置位从而开发中断，在中断返回后全局中断 I 将重新置位。当程序计数器指向中断向量开始执行相应的中断服务程序时，对应的中断标志位将被硬件清零。这些中断标志位也可以通过软件写"1"来清除。当一个符合条件的中断发生后，如果相应的中断使能位为 0，则中断标志位将挂起并一直保持到中断执行或者被软件清除。如果全局中断标志 I 被清除，则所有的中断都不会被执行直到 I 置位。然后被挂起的各个中断按中断优先级依次被处理。外部电平中断没有中断标志位，因此当电平变为非中断电平后中断条件即中止。

3）外部中断相关寄存器

（1）MCU 控制寄存器——MCUCR。MCU 控制寄存器包含中断触发控制位与通用MCU 功能，如表 3-3 所示。

表 3-3 MCUCR 寄存器

位	7	6	5	4	3	2	1	0
位名称	SM2	SE	SM1	SM0	ICS11	ICS10	ICS01	ICS00
读/写	R/W	R/W	R/W	R/W	R/W	R/W	R/W	R/W
初始值	0	0	0	0	0	0	0	0

● 位 3..0——ISC11、ISC10、ISC01、ISC00：中断触发方式控制

外部中断 1/0 由引脚 INT1/INT0 激活，如果 SREG 寄存器的 I 标志位和相应的中断屏蔽位置位的话。触发方式如表 3-4 所示。在检测边沿前 MCU 首先采样 INT1/INT0 引脚上的电平。如果选择了边沿触发方式或电平变化触发方式，那么持续时间大于一个时钟周期的脉冲将触发中断，过短的脉冲则不能保证触发中断。如果选择低电平触发方式，那么低电平必须保持到当前指令执行完成。

表 3-4   外部中断 1/0 触发方式选择

ISC11/ICS01	ISC10/ISC00	说　　明
0	0	INT1、INT0 为低电平时产生中断请求
0	1	INT1、INT0 引脚任意电平变化都引起中断
1	0	INT1、INT0 为下降沿产生中断请求
1	1	INT1、INT0 为上升沿产生中断请求

（2）MCU 控制与状态寄存器——MCUCSR 如表 3-5 所示。

表 3-5   MCUCSR 寄存器

位	7	6	5	4	3	2	1	0
位名称	JTD	ISC2	—	JTRF	WDRF	BOFR	EXTRF	PORF
读/写	R/W	R/W	R	R/W	R/W	R/W	R/W	R/W
初始值	0	0	0	查看位描述				

● 位 6——ISC2：中断 2 触发方式控制

异步外中断 2 由外部引脚 INT2 激活，如果 SREG 寄存器的 I 标志和 GICR 寄存器相应的中断屏蔽位置位的话。若 ISC2 写 0，INT2 的下降沿激活中断；若 ISC2 写 1，INT2 的上升沿激活中断。INT2 的边沿触发方式是异步的。若选择了低电平中断，低电平必须保持到当前指令完成，然后才会产生中断。而且只要将引脚拉低，就会引发中断请求。改变 ISC2 时有可能发生中断。因此建议首先在寄存器 GICR 里清除相应的中断使能位 INT2，然后再改变 ISC2。最后，不要忘记在重新使能中断之前通过对 GIFR 寄存器的相应中断标志位 INTF2 写 "1" 使其清零。

（3）通用中断控制寄存器——GICR 如表 3-6 所示。

表 3-6   GICR 寄存器

位	7	6	5	4	3	2	1	0
位名称	INT1	INT0	INT2	—	—	—	IVSEL	IVCE
读/写	R/W	R/W	R/W	R	R	R	R/W	R/W
初始值	0	0	0	0	0	0	0	0

● 位 7——INT1：使能外部中断请求 1

当 INT1 为 "1"，而且状态寄存器 SREG 的 I 标志置位时，相应的外部引脚中断就使能了。

MCU 通用控制寄存器 MCUCR 的中断敏感电平控制 1 位 1/0（ISC11 与 ISC10）决定中断是由上升沿、下降沿还是 INT1 电平触发的。只要使能，即使 INT1 引脚被配置为输出，只要引脚电平发生了相应的变化，中断也将产生。

● 位 6——INT0：使能外部中断请求 0

当 INT0 为 "1"，而且状态寄存器 SREG 的 I 标志置位时，相应的外部引脚中断就使能了。MCU 通用控制寄存器 MCUCR 的中断敏感电平控制 0 位 1/0（ISC01 与 ISC00）决定中断是由上升沿、下降沿还是 INT0 电平触发的。只要使能，即使 INT0 引脚被配置为输出，只要引脚电平发生了相应的变化，中断也将产生。

● 位 5——INT2：使能外部中断请求 2

当 INT2 为 "1"，而且状态寄存器 SREG 的 I 标志置位时，相应的外部引脚中断就使能了。MCU 通用控制寄存器 MCUCR 的中断敏感电平控制 2 位 1/0（ISC2 与 ISC2）决定中断是由上升沿、下降沿还是 INT2 电平触发的。只要使能，即使 INT2 引脚被配置为输出，只要引脚电平发生了相应的变化，中断也将产生。

● 位 0——IVCE：中断向量修改使能

改变 IVSEL 时 IVCE 必须置位。在 IVCE 或 IVSEL 写操作之后 4 个时钟周期，IVCE 被硬件清零。置位 IVCE 将禁止中断。

（4）通用中断标志寄存器——GIFR 如表 3-7 所示。

表 3-7　GIFR 寄存器

位	7	6	5	4	3	2	1	0
位名称	INTF1	INTF0	INTF2	—	—	—	—	—
读/写	R/W	R/W	R/W	R	R	R	R	R
初始值	0	0	0	0	0	0	0	0

● 位 7——INTF1：外部中断标志 1

INT1 引脚电平发生跳变时触发中断请求，并置位相应的中断标志 INTF1。如果 SREG 的位 I 以及 GICR 寄存器相应的中断使能位 INT1 为 "1"，MCU 即跳转到相应的中断向量。进入中断服务程序之后该标志自动清零。此外，标志位也可以通过写入 "1" 来清零（位 6，外部中断 0 标志位；位 5 外部中断 2 标志位）。

3．数码管典型驱动电路

1）静态显示驱动电路

静态显示数码管占用单片机 I/O 口线多，在显示位数少的情况下采用。一般单片机的输出电流能力较弱，在静态显示驱动电路中可以选择共阳极数码管。由于数码管的显示字段还是由 LED 单只组成，所以还要加限流电阻，如图 3-4 所示。

共阴极数码管由于需要单片机直接输出电流驱

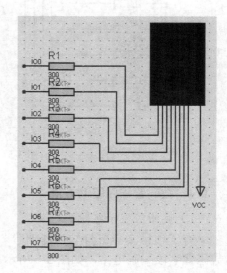

图 3-4　共阳极数码管静态显示驱动电路

动，缩短了单片机使用寿命或外加驱动芯片（增加成本），故在本教材中对共阴极数码管不予讨论。

2）动态显示驱动电路

LED 数码管动态显示接口是单片机中应用最为广泛的一种显示方式之一，动态驱动是将所有数码管的 8 个显示笔画 a、b、c、d、e、f、g、dp 的同名端连在一起，另外为每个数码管的公共极 COM 增加位选通控制电路，位选通由各自独立的 I/O 线控制，当单片机输出字形码时，单片机对位选通 COM 端电路的控制。所以我们只要将需要显示的数码管的选通控制打开，该位就显示出字形，没有选通的数码管就不会亮。通过分时轮流控制各个数码管的 COM 端，就使各个数码管轮流受控显示，这就是动态驱动。在轮流显示过程中，每位数码管的点亮时间为 1～2ms，由于人的视觉暂留现象及发光二极管的余晖效应，尽管实际上各位数码管并非同时点亮，但只要扫描的速度足够快，给人的印象就是一组稳定的显示数据，不会有闪烁感，动态显示的效果和静态显示是一样的，能够节省大量的 I/O 端口，而且功耗更低。

共阳极 4 位数码管驱动电路如图 3-5 所示。

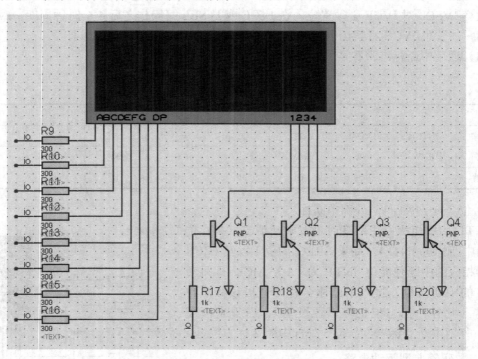

图 3-5　共阳极 4 位数码管驱动电路

4. 数码管程序驱动方法

1）共阳极显示字段码

有了项目 2 霓虹灯知识基础后，把 8 只 LED 按照数码管的排列方式排列，组成共阳极数码管字段编码电路，如图 3-6 所示。

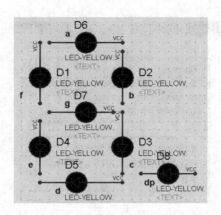

图 3-6　共阳极数码管字段编码电路

共阳极数码管字码表如表 3-8 所示。

表 3-8　共阳极数码管字码表

显示数字	dp	g	f	e	d	c	b	a	十六进制代码
0	1	1	0	0	0	0	0	0	0xc0
1	1	1	1	1	1	0	0	1	0xf9
2	1	0	1	0	0	1	0	0	0xa4
3	1	0	1	1	0	0	0	0	0xb0
4	1	0	0	1	1	0	0	1	0x99
5	1	0	0	1	0	0	1	0	0x92
6	1	0	0	0	0	0	1	0	0x82
7	1	1	1	1	1	0	0	0	0xf8
8	1	0	0	0	0	0	0	0	0x80
9	1	0	0	1	0	0	0	0	0x90

把表 3-8 的显示数字的十六进制代码用 C 语言中的一维数组表示出来,在程序中就可以通过数组下标的方式送给单片机的 I/O 口。比如定义:

uchar display_code[10]={0xc0,0xf9.0xa4,0xb0,0x99,0x92,0x82,0xf8,0x80,0x90};

2)共阳极数码管静态驱动

结合图 3-4 的硬件电路,对该电路的驱动十分简单,因为只能显示一位数字,所以对任意一个一位数字 value_temp,采用 C 语言的取余运算"value_temp%10"后,直接通过 PORTX 口送出即可显示出数字。

PORTX= display_code[value_temp%10];

3)共阳极 4 位数码管动态驱动

4 位数码管可以显示的最大数字是 uint temp 型数据 9999,动态显示流程如图 3-7 所示。

单片机字段端口是送显示数字的 I/O 口,比如 PA 口、PB 口等。

单片机的位选端口是控制公共端的控制 I/O 口,比如 PA0、PB1 等。

延时函数是控制动态显示稳定的延时时间，以人眼睛的视觉暂留效应时间为标准。

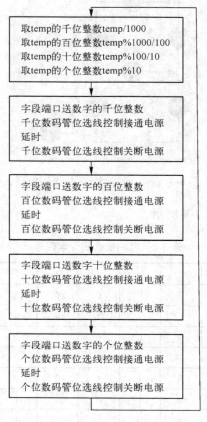

图 3-7　动态显示流程

5．单片机外部中断的初始化方法

外部中断初始化的方法分为：

（1）清状态寄存器中的 I 位总中断。方法为调用 AVRdef.h 中的库函数 CLI()实现。

（2）中断允许设置。方法为置位 GICR 寄存器中的 INT1、INT0、INT2。

（3）设置中断触发方式。方法为设置 MCUCR、MCUCSR 中的 ISC11、ISC10、ISC01、ISC00、ISC2。

（4）允许总中断。方法为调用 AVRdef.h 中的库函数 SEI()实现。

通过以上 4 步的设置，单片机就可以等待中断产生，并进入中断服务程序进行中断处理。

6．单片机中断服务程序的编写方法

1）外部中断 0 服务函数的写法

```
#pragma interrupt_handler int0_isr:iv_INT0
void int0_isr(void)
{
```

```
    //external interupt on INT0
    }
```

2）外部中断 1 服务函数的写法

```
#pragma interrupt_handler int1_isr:iv_INT1
void int1_isr(void)
{
  //external interupt on INT1
  }
```

3）外部中断 2 服务函数的写法

```
#pragma interrupt_handler int2_isr:iv_INT2
void int2_isr(void)
{
  //external interupt on INT2
  }
```

3.2　项目 3：脉冲计数控制与显示系统设计

3.2.1　项目背景

在日常生活中，常见的电子式自来水水表、电表、煤气表等就需把转盘信号转换为脉冲信号，再通过单片机累计计数、处理、显示等环节在数码管上直观显示出来，如图 3-8 所示。本项目使用外部中断技术，在中断服务程序中累加外部中断引脚上的脉冲数，实现脉冲计数的目的。

图 3-8　常见脉冲计数电子设备

3.2.2　项目方案设计

（1）单片机的 3 个外部中断引脚如图 3-9 所示。

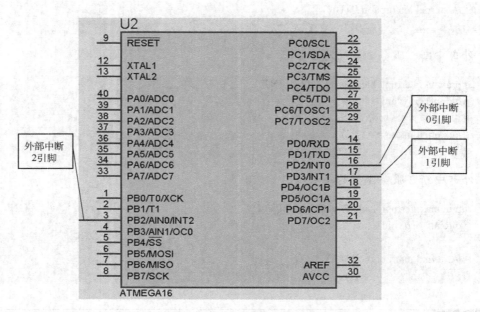

图 3-9　单片机外部中断引脚

ATmega16 单片机的外部引脚是与普通 I/O 口引脚复用的，之间功能转换是通过相关寄存器的不同配置实现的。

（2）项目方案框图如图 3-10 所示。

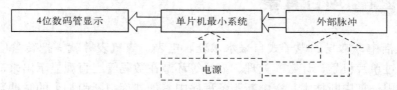

图 3-10　项目方案框图

本项目采用 4 位共阳极数码管显示，外部脉冲产生采用 PROTEUS 仿真软件的信号发生器实现，只要接到 3 个外部中断引脚中的任意一个即可。

 ### 3.2.3　项目硬件电路设计

（1）单片机引脚分配如表 3-9 所示。

表 3-9　单片机引脚分配

4 位共阳极数据端 a~dp	4 位共阳极位选控制端 1～4	外部脉冲输入端口
PA0~PA7	PB0~PB3	INT0

（2）4 位共阳极数码管显示电路设计如图 3-11 所示。

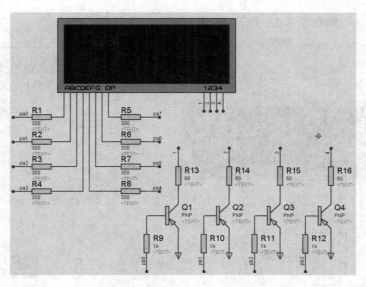

图 3-11　数码管显示电路设计

PA 口传输要显示的数据，PB0~PB3 等 4 位 I/O 口通过控制 PNP 三极管的基极电平使三极管工作在截止与饱和导通状态，从而控制 VCC 的关断与接通。

（3）外部脉冲信号的输入电路如图 3-12 所示。

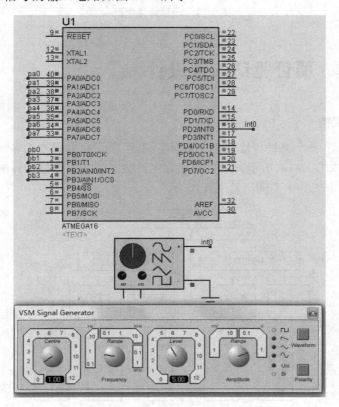

图 3-12　外部脉冲信号的输入电路

（4）项目总体电路如图 3-13 所示。

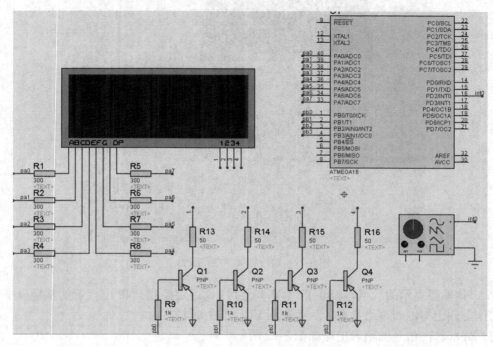

图 3-13　项目总体电路

 ## 3.2.4　项目驱动软件设计

1．项目程序架构

由前面的知识，一个项目程序就像搭积木，主程序就利用积木的各个组件的不同组合实现特定的功能，如图 3-14 所示。项目程序除主函数之外，主要包括外部中断 0 与数码管显示两大部分。每个部分由不同函数文件组合。

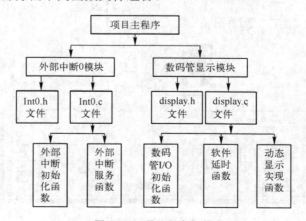

图 3-14　项目程序架构

2．各函数设计

1）int0.h 文件

```
#ifndef INT0_H
#define INT0_H

#include<iom16v.h>//包含标准库文件
#include<AVRdef.h>//包含的库文件里有 CLI()、SEI()函数
#define uint unsigned int
#define uchar unsigned char

void int0_sfr_init(void);//函数声明外部中断 0 初始化
void int0_sevce(void);//外部声明中断 0 服务函数

#endif
```

2）外部中断初始化函数设计

```
/**********************************************
函数名称：外部中断 0 使能初始化函数
函数功能：使能外部中断 0 的功能
出口：无
入口：无
设计者：电子信息教研室
设计日期：2015 年 7 月 22 日
**********************************************/
void int0_sfr_init(void)
{
  CLI();//先关断所有中断
  GICR|=(1<<INT0);//外部中断 0 使能
  MCUCR=0X02;//触发中断的电平变化设置
  SEI();//打开全局中断
}
```

3）外部中断 0 服务函数设计

服务函数的写法有固定的格式，特别要注意各个中断的向量号。在本项目中，外部中断的触发电平，每触发一次中断有效后，便进入中断服务函数中，在函数中定义的全局变量加 1 处理。代码如下：

```
extern uint number;
/**********************************************
函数名称：外部中断 0 服务函数
函数功能：中断触发后，累加外部脉冲数
出口：无
入口：无
设计者：电子信息教研室
设计日期：2015 年 7 月 22 日
```

```
***********************************************/
#pragma interrupt_handler int0_sevce:2
void int0_sevce(void)
{
 number++;
 if(number==9999)number=0;
}
```

4）display.h 文件

```
#ifndef DISPLAY_H
#define DISPLAY_H

#include"int0.h"
//以下为 4 位数码管的位控制位宏定义
#define display_wei1_on PORTB&=~(1<<PB0)
#define display_wei1_off PORTB|=(1<<PB0)

#define display_wei2_on PORTB&=~(1<<PB1)
#define display_wei2_off PORTB|=(1<<PB1)

#define display_wei3_on PORTB&=~(1<<PB2)
#define display_wei3_off PORTB|=(1<<PB2)

#define display_wei4_on PORTB&=~(1<<PB3)
#define display_wei4_off PORTB|=(1<<PB3)
//下面这句为数码管字端口宏定义
#define display_dat_port PORTA
//使用的函数声明
void io_init(void);
void delay_nms(uint nms);
void display(uint dat);

#endif
```

5）4 位数码管动态显示函数设计

```
/***********************************************
函数名称：数码管动态显示函数
函数功能：对任意 4 位整数处理与动态显示
出口：无
入口：4 位整数
设计者：电子信息教研室
设计日期：2015 年 7 月 22 日
***********************************************/

void display(uint dat)
{
```

```
    uchar qian,bai,shi,ge;//定义 4 位整数的位
    qian=dat/1000;//千、百、十、个 4 位运用 C 语言的运算符取出
    bai=dat%1000/100;
    shi=dat%100/10;
    ge=dat%10;

    display_dat_port=display_code[qian];//千位字段码送出
    display_wei1_on;//千位数码管控制位有效
    delay_nms(5);//利用视觉余晖效应，需要延时 5ms
    display_wei1_off;//关掉千位显示，准备轮流其他位的显示

    display_dat_port=display_code[bai];
    display_wei2_on;
    delay_nms(5);
    display_wei2_off;

    display_dat_port=display_code[shi];
    display_wei3_on;
    delay_nms(5);
    display_wei3_off;

    display_dat_port=display_code[ge];
    display_wei4_on;
    delay_nms(5);
    display_wei4_off;
}
```

6）主函数及外部中断 0 服务程序架构

主程序工作流程如图 3-15 所示，中断服务流程如图 3-16 所示。

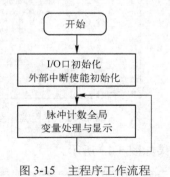

图 3-15 主程序工作流程

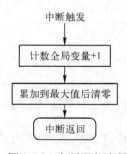

图 3-16 中断服务流程

主程序及中断服务程序代码如下：

```
#include "display.h"
uint number;//定义全局变量，用来累计脉冲数
函数名称：项目主函数
函数功能：实现对外部脉冲计数及显示功能
出口：无
```

```
入口：无
设计者：电子信息教研室
设计日期：2015 年 7 月 22 日
*********************************************/
void main(void)
{
 io_init();
 int0_sfr_init();
 while(1)
 {
  display(number);
 }
}
```

3.2.5 项目系统集成与调试

（1）在 ICC 环境输入代码，并保存文件到指定文件夹中，如图 3-17 所示。

（2）工程编译参数设置，如图 3-18 所示。

图 3-17 在 ICC 环境输入代码并保存　　　　　　图 3-18 工程编译参数设置

（3）工程编译，生成 ".cof" 可执行文件，结果如图 3-19 所示。

```
C:\iccv7avr\bin\imakew -f PLUS_ADD.mak
    iccavr -c -IG:\mega16单片机重点教材修订\脉冲计数显示系统\脉冲计数驱动程序\Hea
    iccavr -o PLUS_ADD -g -e:0x4000 -ucrtatmega.o -bfunc_lit:0x54.0x4000 -dram_en
Device 3% full.
Done. Wed Jul 22 17:38:41 2015
```

图 3-19 工程项目编译结果

（4）可执行文件加载，如图 3-20 所示。

（5）项目功能实现，如图 3-21 所示。

图 3-20　仿真电路加载可执行文件

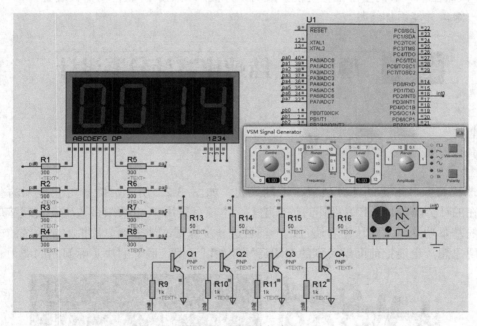

图 3-21　项目功能实现

知识巩固

1. 数码管驱动电路中位选线上的三极管采用 PNP 型好还是 NPN 型好？有区别吗？
2. 单片机对外驱动一般采用低电平驱动，为什么？
3. 说说数码管动态显示时，每一位显示的时间间隔有什么要求？
4. 数码管驱动电路中为什么也要加限流电阻？
5. 数码管的引脚与单片机的 I/O 口连接时应注意什么原则？
6. 为什么动态显示一个数据时要先把数据拆开？拆开的方法是什么？
7. 如果数码管要显示带小数点的数据，怎么对数据进行处理？
8. 要进入外部中断服务函数 1，需要什么样的条件？怎样设置这样的条件？

9．外部中断 2 的电平触发方式怎么设置？低电平、下降沿与上升沿触发有区别吗？

10．如果采用外部中断的方式对外部信号计数，外部信号应具备什么样的条件单片机才能识别？

11．外部中断函数的编写结构中，哪些可以改变，哪些不能改变？

12．单片机中断技术有什么意义？

拓展练习

1．试试在本项目的基础上把功能扩展为一款人体脉搏测量仪表。

2．试试在本项目的基础上把功能扩展为工厂流水线上的产品自动计数装置，每 100 件产品为一组，并能累加组数。

3.3   项目 4：篮球比赛计分器设计

3.3.1   项目背景

篮球比赛中，常见的计分装置是手翻式的，如图 3-22 所示。随着电子技术的普及应用，现在的计分器使用 LED 点阵的越来越多。本项目采用 8 位共阳极数码管实现篮球比赛计分器的基本功能，主要让读者通过这个项目进一步深层次地理解单片机控制系统的产品开发及实现思想，也能把前面学习到的知识巧妙地加以运用，锻炼解决实际问题的能力。

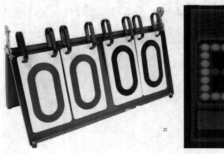

图 3-22   常见篮球比赛计分器

要实现的基本功能如下：

◆ 能显示主场与客场的标志信息；

◆ 一个按键能切换主客场计分功能；

◆ 能实现加 2 分、加 3 分、加 1 分、减 1 分的功能；

◆ 主客场计分时具有鲜明的 LED 指示；

◆ 最大计分范围为 0~99。

3.3.2　项目方案设计

主客场计分切换按键的功能，可以直接借用项目 1 的实现方法来实现。当主场指示 LED 灯亮起时，篮球比赛记分员可以根据裁判的指示给主场加 2 分（正常投篮得分）、加 3 分（三分线外投篮得分）、加 1 分（罚球时得分），当记分员不小心加错分时设置一个减 1 分的按键。对客场的计分要求相同。主场与客场计分在 8 位显示数码管上应有单独标志。项目方案框图如图 3-23 所示。

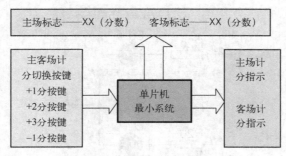

图 3-23　项目方案框图

3.3.3　项目硬件电路设计

（1）系统单片机 I/O 口分配如表 3-10 所示。

表 3-10　系统单片机 I/O 口分配

8 位数码管字段口	8 位数码管位选线	5 个功能按键	主客场计分指示 LED
PA0～PA7	PB0～PB7	PD0～PD4	PD6～PD7

（2）8 位共阳极数码管显示电路如图 3-24 所示。

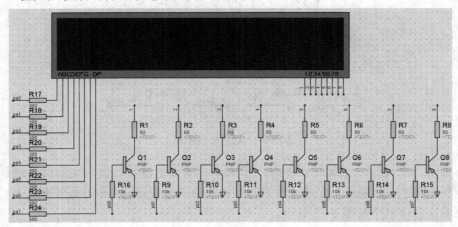

图 3-24　8 位共阳极数码管显示电路

根据项目功能的要求，8 位数码管能有足够的位来显示标志信息，用 "E" 来显示客场标志，取 GUEST 单词中的 "E"，因为数码管显示 "G" 不明确，当然也可以显示 "U" 来表示。主场可以采用 HOME 中的 "H" 来标示。这样 8 位数码管就被主客场平均占用 4 位。也可以采用不同颜色的两个 4 位数码管设计。

显示效果如下：

E - 87 H - 69

（3）主客场计分指示 LED 电路如图 3-25 所示。

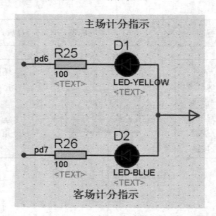

图 3-25　主客场计分指示 LED 电路

本电路中的限流电阻采用 100Ω 主要是为了项目功能仿真时显示效果更好而设计的，在真实电路中还是按照设计的阻值安装。

（4）功能按键电路如图 3-26 所示。

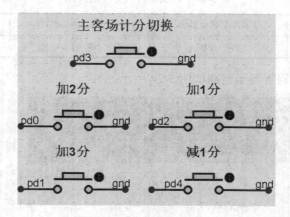

图 3-26　功能按键电路

项目采用一套按键，主客场计分时，用一个功能按键进行切换，按键的灵活使用是本项目的重点内容之一。思路与实现方法只有在实践中不断积累、总结才能不断提高。

（5）项目总体电路如图 3-27 所示。

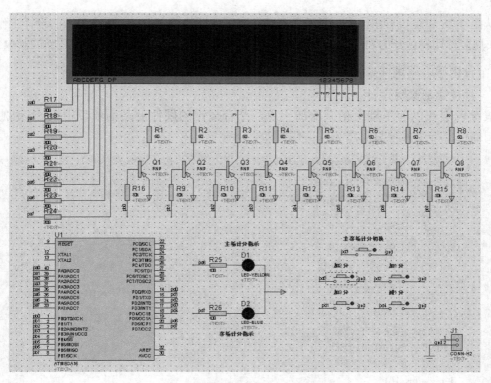

图 3-27　项目总体电路

 3.3.4　项目驱动软件设计

1. 项目程序架构

项目程序架构如图 3-28 所示。

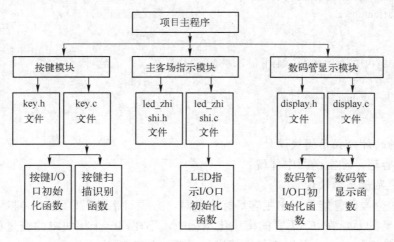

图 3-28　项目程序架构

从图 3-28 中可以看出，本项目的各子函数主要包括 3 个部分、6 个子函数的设计工作，但是要实现篮球比赛计分的功能，还需要充分运用标志位，并在显示函数中进行适当的修改。

2．各模块函数设计

1）按键识别模块设计

按键识别在以前基础上稍微增加一点，结合按键的硬件电路本项目用到 5 个独立按键，扫描过程与以前项目思路一样，代码如下：

```c
/*******************************
函数名称：独立按键扫描函数
功能：实现按键扫描，并给出按键的赋值
入口参数：无
出口参数：按键的赋值
设计者：电子信息教研室
设计日期：2015 年 7 月 20 日
*******************************/
uchar key_scan(void)
{
 uchar key_value=255;
 if((PIND&0X1F)!=0X1F)
 {
  delay_nms(10);
  if((PIND&0X1F)!=0X1F)
  {
   switch(PIND&0X1F)
   {
    case 0x1e:key_value=0;break;
    case 0x1d:key_value=1;break;
    case 0x1b:key_value=2;break;
    case 0x17:key_value=3;break;
    case 0x0f:key_value=4;break;
    default:break;
   }
  }
  while((PIND&0X1F)!=0X1F);
 }
 return key_value;
}
```

2）主客场的计分指示模块设计

本部分内容略，在主函数中体现。

3）数码管显示函数设计

为了用 8 位数码管能显示出主客场标志信息，必须对字段码显示的一维数组增加 3 个信息。必须注意的是，在 C 语言的模块化编程中，不在同一个模块中的变量相互调用时可以在文件开始处添加 extern 关键字对变量进行声明，如下所示：

```
#include "key.h"
//显示字段代码在 0~9 的基础上增加 "E"、"-"、"H" 的显示代码
uchar display_code[13]={0xc0,0xf9,0xa4,0xb0,0x99,0x92,0x82,0xf8,0x80,0x90,0x86,0x89,0xbf};
extern flag1;//外部变量声明
extern flag2; //外部变量声明
动态显示函数代码如下：
/*********************************************
函数名称：数码管动态显示函数
函数功能：显示主客场标志及计分显示
出口：无
入口：主客场计分的形参两个
设计者：电子信息教研室
设计日期：2015 年 7 月 22 日
*********************************************/
void display(uchar num1,uchar num2)
{
  uchar shi1,ge1,shi2,ge2;
  shi1=num1/10;//显示客场得分的"十"位
  ge1=num1%10;//显示客场得分的"个"位

  shi2=num2/10;//取主场得分的"十"位
  ge2=num2%10;//取主场得分的"个"位

  display_dat_port=display_code[10];//显示"E"客场标志
  display_wei1_on;
  delay_nms(2);
  display_wei1_off;

  display_dat_port=display_code[12];//显示"-"
  display_wei2_on;
  delay_nms(2);
  display_wei2_off;

  display_dat_port=display_code[shi1];//显示客场得分的"十"位
  display_wei3_on;
  delay_nms(2);
  display_wei3_off;

  display_dat_port=display_code[ge1];//显示客场得分的"个"位
  display_wei4_on;
  delay_nms(2);
  display_wei4_off;
  display_dat_port=display_code[11];//显示"H"客场标志
  display_wei5_on;
  delay_nms(2);
  display_wei5_off;

  display_dat_port=display_code[12];//显示"-"
  display_wei6_on;
```

```
        delay_nms(2);
        display_wei6_off;

        display_dat_port=display_code[shi2];//显示主场得分的"十"位
        display_wei7_on;
        delay_nms(2);
        display_wei7_off;

        display_dat_port=display_code[ge2];//显示主场得分的"个"位
        display_wei8_on;
        delay_nms(2);
        display_wei8_off;
    }
```

4）项目主函数设计

先定义全局变量 key_temp，准备调用按键扫描，定义两个全局标志位变量 flag1、flag2，准备控制主客场的计分分数，定义主客场计分变量 socre2、socre1 准备计分值加减。

项目主程序工作流程如图 3-29 所示。

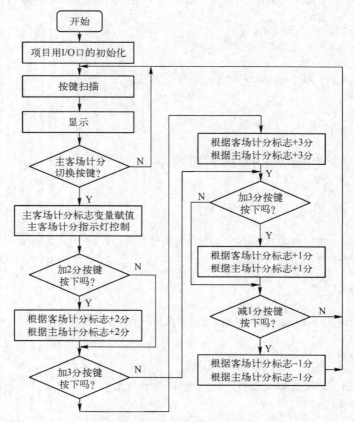

图 3-29　项目主程序工作流程

程序执行后，先进行 I/O 口的初始化操作，然后进入主循环，在主循环内先进行按键扫描，再进行信息显示，显示初始值为主客场标志和分数（初始值为 00），之后可以进行主客场计分按键操作，只有选择好给主场或客场计分后，加减分按键才能起作用。

代码如下：

```
#include"display.h"
#include"key.h"
#include"led_zhishi.h"
uchar key_temp,flag1,flag2;//按键扫描临时变量，两个标志位
uchar socre_temp1,socre_temp2;//客场、主场计分变量
/***********************************************
函数名称：项目主函数
函数功能：实现篮球比赛计分的功能
出口：无
入口：无
设计者：电子信息教研室
设计日期：2015 年 7 月 22 日
修改日期：2015 年 8 月 10 日
***********************************************/
void main(void)
{
 key_io_init();//按键 I/O 口初始化
 led_zhishi_io_init();//计分主客场指示 I/O 初始化
 display_io_init();//数码管 I/O 口初始化
 while(1)
 {
  key_temp=key_scan();//按键扫描
  display(socre_temp1,socre_temp2);//显示，初始值都为 00
  if(key_temp==3)//按键 3 定位为主客场计分切换功能
  {
   flag1++;//把项目 1 的继电器控制功能移植到本项目中
   if(flag1==1)//客场标志位
     {
      flag2=0;
     guest_led_on;//实现主客场计分指示显示
     home_led_off;
     }
  }
  else if(flag1==2)//实现主客场计分切换的功能
  {
   flag1=0;
   flag2=1;//主场标志位
   guest_led_off;
   home_led_on;//主场计分指示
  }
  else if(key_temp==0)//正常投篮得分加 2 分的按键功能
  {
   if(flag1==1)//客场标志，则客场计分
   socre_temp1+=2;
   if(flag2==1)//主场标志，则主场计分
   socre_temp2+=2;
```

```
    }
    else if(key_temp==1)//远距离投篮得分加3分的按键功能
    {
     if(flag1==1)//客场标志，则客场计分
     socre_temp1+=3;
     if(flag2==1)//主场标志，则主场计分
     socre_temp2+=3;
    }
    else if(key_temp==2)//正常罚篮得分加1分的按键功能
    {
     if(flag1==1)//客场标志，则客场计分
     socre_temp1+=1;
     if(flag2==1)//主场标志，则主场计分
     socre_temp2+=1;
    }
    else if(key_temp==4)//操作计分失误时，调整计分主要减1分
    {
     if(flag1==1)//客场标志，则客场计分
     socre_temp1-=1;
     if(flag2==1)//主场标志，则主场计分
     socre_temp2-=1;
    }
  }
```

 ## 3.3.5　项目系统集成与调试

（1）新建工程，编写程序文件并保存，如图3-30所示。

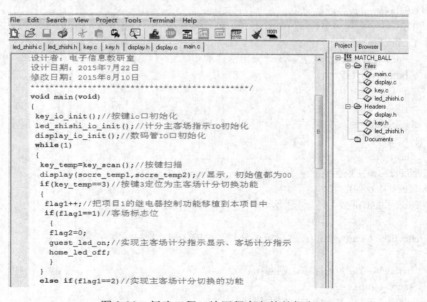

图3-30　新建工程，编写程序文件并保存

（2）工程编译设置，如图 3-31 所示。

图 3-31　工程编译设置

（3）工程编译结果如图 3-32 所示。

```
C:\iccv7avr\bin\imakew -f MATCH_BALL.mak
      iccavr -c -IG:\mega16单片机重点教材修订\项目4~1\篮球比赛计分器驱动
      iccavr -o MATCH_BALL -g -e:0x4000 -ucrtatmega.o -bfunc_lit:0x54.0x
Device 5% full.
Done. Mon Aug 10 10:49:46 2015
```

图 3-32　工程编译结果

（4）在仿真电路中加载可执行代码，如图 3-33 所示。

图 3-33　单片机加载可执行代码

（5）功能调试，分别如图 3-34～图 3-37 所示。

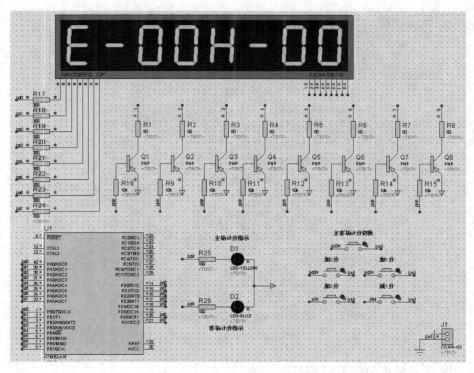

图 3-34　系统上电后状态

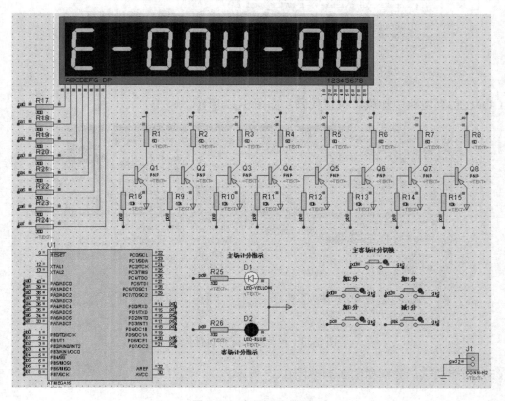

图 3-35　客场计分指示

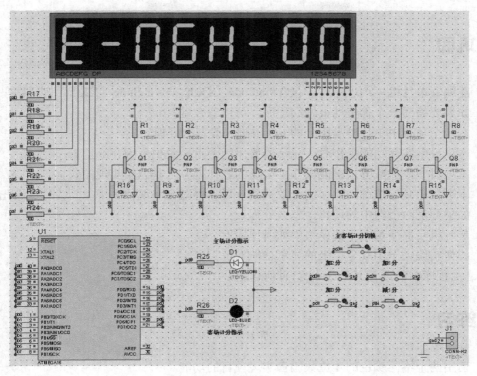

图 3-36　客场计分执行

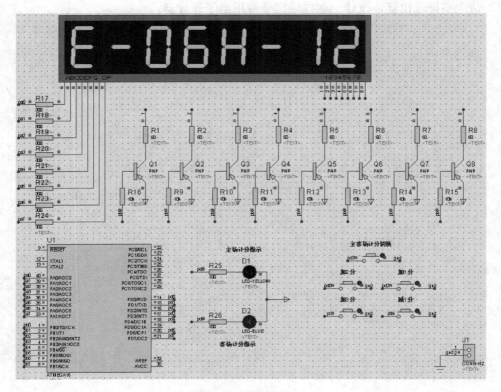

图 3-37　主场计分执行

知识巩固

1. 在编写单片机驱动程序时，包含#include <XX.h >与#include "XX.h" 有区别吗？
2. 如果要编写一个移植性很好的程序，可以怎么做？
3. 在一个项目中单片机没用到的 I/O 引脚一般怎么处理？
4. 本项目中实际功能操作时，显示器要黑闪一下，说说原因在哪里？
5. 本项目中，加减分按键能操作主客场的累计得分，是怎么实现的？
6. 本项目中减分按键的操作把分数减到 0 后，再减会出现什么现象？为什么会出现？
7. 如果要消除上题中的现象，怎么处理？
8. 单片机全局变量在不同模块中如何使用？
9. 如何实现大于 100 分以上的显示功能？
10. 主程序中的语句 if{} else if{}有何作用？

拓展练习

1. 请用两个不同颜色的 4 位数码管实现项目的功能。
2. 请观察乒乓球比赛，设计一款乒乓球比赛专用计分器。
3. 请观察排球比赛，设计一款排球比赛专用电子计分器。

任务 4

内部 EEPROM 操作及 I/O 口应用

4.1.1 任务教学目标

◆ 能往单片机内部 EEPROM 中的指定单元写入数据；
◆ 能从单片机内部 EEPROM 中的指定单元读出数据；
◆ 会设计 1602 显示器的典型接口电路；
◆ 会使用 1602 的指令设置 1602 的功能；
◆ 会编写 1602 的驱动程序；
◆ 能把独立按键的扫描扩展到 8 个以上；
◆ 理解较为大型电子系统的程序设计思路及分工方法。

4.1.2 教学目标知识与技能点介绍

1. 单片机内部 EEPROM 介绍

ATmega16 包含 512B 的 EEPROM 数据存储器。它是作为一个独立的数据空间而存在的，可以按字节读写。EEPROM 的寿命至少为 100 000 次擦除周期。EEPROM 的访问由地址寄存器、数据寄存器和控制寄存器决定。

操作 EEPROM 需要注意如下问题：在电源滤波时间常数比较大的电路中，上电/下电时 VCC 上升/下降速度会比较慢。此时 CPU 可能工作于低于晶振所要求的电源电压。为了防止无意识的 EEPROM 写操作，需要执行一个特定的写时序。具体参看 EEPROM 控制寄存器的内容。执行 EEPROM 读操作时，CPU 会停止工作 4 个周期，然后再执行后续指令；执行 EEPROM 写操作时，CPU 会停止工作 2 个周期，然后再执行后续指令。

与 EEPROM 相关的寄存器介绍如下。

1）EEPROM 地址寄存器 EEARH 和 EEARL

—	—	—	—	—	—	—	EEAR8	**EEARH**
EEAR7	EEAR6	EEAR5	EEAR4	EEAR3	EEAR2	EEAR1	EEAR0	**EEARL**

位 15..9——Res：保留位，读操作返回值为零。

位 8..0——EEAR8..0：EEPROM 地址。

EEPROM 地址寄存器 EEARH 和 EEARL 指定了 512B 的 EEPROM 空间。EEPROM 地址是线性的，从 0 到 511。EEAR 的初始值没有定义。在访问 EEPROM 之前必须为其赋予正确的数据。

2）数据寄存器 EEDR

MSB							LSB

初始值 00000000。

3）控制寄存器 EECR

—	—	—	—	EERIE	EEMWE	EEWE	EERE

初始值 000000X0。

位 7..4——Res：保留位，读操作返回值为零。

位 3——EERIE：使能 EEPROM 准备好中断。

若 SREG 的 I 为"1"，则置位 EERIE 将使能 EEPROM 准备好中断。清零 EERIE 则禁止此中断。当 EEWE 清零时 EEPROM 准备好中断即可发生。

位 2——EEMWE：EEPROM 主机写使能。

EEMWE 决定了 EEWE 置位是否可以启动 EEPROM 写操作。当 EEMWE 为 "1" 时，在 4 个时钟周期内置位 EEWE 将把数据写入 EEPROM 的指定地址；若 EEMWE 为 "0"，则操作 EEWE 不起作用。EEMWE 置位后 4 个周期，硬件对其清零。

位 1——EEWE：EEPROM 写使能。

EEWE 为 EEPROM 写操作的使能信号。当 EEPROM 数据和地址设置好之后，需置位 EEWE 以便将数据写入 EEPROM。此时 EEMWE 必须置位，否则 EEPROM 写操作将不会发生。

位 0——EERE：EEPROM 读使能。

EERE 为 EEPROM 读操作的使能信号。当 EEPROM 地址设置好之后，需置位 EERE 以便将数据读入 EEDR。EEPROM 数据的读取只需要一条指令，且无须等待。读取 EEPROM 后 CPU 要停止 4 个时钟周期才可以执行下一条指令。

用户在读取 EEPROM 时应该检测 EEWE。如果一个写操作正在进行，就无法读取 EEPROM，也无法改变寄存器 EEAR。

4）写时序

（1）等待 EEWE 位变为零。

（2）等待 SPMCSR 中的 SPMEN 位变为零。

（3）将新的 EEPROM 地址写入 EEAR（可选）。

（4）将新的 EEPROM 数据写入 EEDR（可选）。

（5）对 EECR 寄存器的 EEMWE 写 "1"，同时清零 EEWE。

（6）在置位 EEMWE 的 4 个周期内，置位 EEWE。

在 CPU 写 Flash 存储器的时候不能对 EEPROM 进行编程。在启动 EEPROM 写操作之前软件必须检查 Flash 写操作是否已经完成。步骤（2）仅在软件包含引导程序并允许 CPU 对 Flash 进行编程时才有用。如果 CPU 永远都不会写 Flash，则步骤（2）可省略。

注意：

> 如果在步骤（5）和（6）之间发生了中断，写操作将失败。因为此时 EEPROM 写使能操作将超时。如果一个操作 EEPROM 的中断打断了另一个 EEPROM 操作，EEAR 或 EEDR 寄存器可能被修改，引起 EEPROM 操作失败。建议此时关闭全局中断标志 I。经过写访问时间之后，EEWE 硬件清零。用户可以凭借这一位判断写时序是否已经完成。EEWE 置位后，CPU 要停止两个时钟周期才会运行下一条指令。

2．1602 液晶显示器使用

1）液晶模块 1602 的外形及引脚定义

1602 字符点阵液晶显示模块能够同时显示 16×2 即 32 个字符（16 列 2 行）。

典型的 1602 字符点阵液晶显示模块的外形及引脚定义如图 4-1 所示。

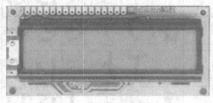
（a）外形图

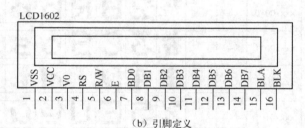
（b）引脚定义

图 4-1　1602 字符点阵液晶显示模块

具体的引脚定义如表 4-1 所示。

表 4-1　1602 字符点阵液晶显示模块引脚定义

序　号	符　号	状　态	功　　能
1	VSS		电源地
2	VCC		逻辑电源正
3	V0		液晶显示驱动电源（调节显示对比度）
4	RS	输入	寄存器选择信号： 0：指令 1：数据
5	R/W	输入	读/写选择信号： 0：写 1：读
6	E	输入	使能信号
7	DB0	三态	数据总线（LSB）
8	DBl	三态	数据总线
9	DB2	三态	数据总线
10	DB3	三态	数据总线
11	DB4	三态	数据总线
12	DB5	三态	数据总线

续表

序　号	符　号	状　态	功　能
13	DB6	三态	数据总线
14	DB7	三态	数据总线（MSB）
15	BLA		LED 背光电源+（可有可无）
16	BLK		LED 背光电源−（可有可无）

2）液晶 1602 显示的常用字符

显示字符集 ASCII 码如表 4-2 所示。

表 4-2　显示字符集 ASCII 码

低4位＼高4位	0000	0001	0010	0011	0100	0101	0110	0111	1000	1001	1010	1011	1100	1101	1110	1111
xxxx0000	CG RAM (1)			0	@	P	`	p				─	タ	ミ	α	p
xxxx0001	(2)			!	1	A	Q	a	q			。	ア	チ	ム	ä	q
xxxx0010	(3)			"	2	B	R	b	r			「	イ	ツ	メ	β	θ
xxxx0011	(4)			#	3	C	S	c	s			」	ウ	テ	モ	ε	∞
xxxx0010	(5)			$	4	D	T	d	t			、	エ	ト	ヤ	μ	Ω
xxxx0101	(6)			%	5	E	U	e	u			・	オ	ナ	ユ	σ	Ü
xxxx0110	(7)			&	6	F	V	f	v			ヲ	カ	ニ	ヨ	ρ	Σ
xxxx0111	(8)			'	7	G	W	g	w			ア	キ	ヌ	ラ	g	π
xxxx1000	(1)			(	8	H	X	h	x			ィ	ク	ネ	リ	√	x
xxxx1001	(2)			)	9	I	Y	i	y			ゥ	ケ	ノ	ル	˙	y
xxxx1010	(3)			*	:	J	Z	j	z			エ	コ	ハ	レ	j	千
xxxx1011	(4)			+	;	K	[	k	{			オ	サ	ヒ	ロ	×	万
xxxx1100	(5)			,	<	L	¥	l					ャ	シ	フ	ワ	¢	円
xxxx1101	(6)			−	=	M	]	m	}			ュ	ス	ヘ	ン	Ł	÷
xxxx1110	(7)			.	>	N	^	n	→			ョ	セ	ホ	゛	ñ	
xxxx1111	(8)			/	?	O	_	o	←			ッ	ソ	マ	゜	ö	■

计算机只要写入某个字符的字符代码，液晶将以其作为字模库的地址将该字符输出给驱动器显示。

3）1602 显示存储器

1602 拥有 80B（80×8 位）的显示存储器 DDRAM。DDRAM 用于存储当前所要显示的字符的字符代码。DDRAM 的地址由地址指针计数器 AC 提供，计算机可以对 DDRAM 进行读/写操作。DDRAM 各单元对应着显示屏上的各字符位。

DDRAM 地址定义分两种，一种为一行显示的地址定义，一种为两行显示的地址定义，如表 4-3 所示。

表 4-3　DDRAM 地址定义

（1）一行显示时的 DDRAM 地址定义						
显示位置	1	2	3	4	————	79	80
DDRAM 地址	00H	01H	02H	03H	————	4EH	4FH
（2）两行显示时的 DDRAM 地址定义						
显示位置	1	2	3	4		39	40
第一行 DDRAM 地址	00H	01H	02H	03H		26H	27H
第二行 DDRAM 地址	40H	41H	42H	43H		66H	67H

在两行显示时，第二行总是从 DDRAM 的后半部分开始，即从第 41 单元起定义为第二行 DDRAM 单元。

4）1602 控制指令集

要实现对液晶模块的控制显示，在了解其相关的硬件知识、接口定义及使用之后，需重点掌握接口时序，再配合指令集，就可以实现对液晶模块的控制显示。

（1）清屏（Clear Display）。

格式：

0	0	0	0	0	0	0	1

代码：01H

该指令完成下列功能：

将空码（20H）写入 DDRAM 的全部 80 个单元内；

将地址指针计数器 AC 清零，光标或闪烁位归 home 位；

设置输入方式参数 I/D=1，即地址指针 AC 为自动加一输入方式。

（2）归 home 位（Return home）。

格式：

0	0	0	0	0	0	1	*

代码：02H

该指令将地址指针计数器 AC 清零。

执行该指令的效果有：将光标或闪烁位返回到显示屏的左上第一字符位上，即 DDRAM 地址 00H 单元位置；这是因为光标和闪烁位都是以地址指针计数器 AC 当前值定位的。如果画面已滚动，则撤销滚动效果，将画面拉回到 home 位。

（3）输入方式设置（Enter Mode Set）。

格式：

0	0	0	0	0	1	I/D	S

代码：04H~07H

该指令的功能在于设置了显示字符的输入方式，即在计算机读/写 DDRAM 或 CGRAM 后地址指针计数器 AC 的修改方式，反映在显示效果上，当写入一个字符后画面或光标的移动。该指令的两个参数位 I/D 和 S 确定了字符的输入方式。

I/D 表示当计算机读/写 DDRAM 或 CGRAM 的数据后，地址指针计数器 AC 的修改方式。

I/D=0   AC 为减 1 计数器。

I/D=1   AC 为加 1 计数器。

S 表示在写入字符时，是否允许显示画面的滚动。

S=0   禁止滚动。

S=1   允许滚动。

S=1 且 I/D =0   显示画面向右滚动一个字符位。

S=1 且 I/D =1   显示画面向左滚动一个字符位。

> **注意：**
>
> 　　画面滚动方式在计算机读 DDRAM 数据时，或在读/写 CGRAM 时无效，也就是说该指令主要应用在计算机写入 DDRAM 数据的操作时，所以称该指令为输入方式设置指令。在计算机读 DDRAM 数据或在读/写 CGRAM 数据时，建议将 S 置"0"。

（4）显示状态设置（Display on/off Control）。

格式：

0	0	0	0	0	1	D	C	B

代码：08H~0FH

该指令控制着画面、光标及闪烁的开与关。该指令有 3 个状态位 D、C、B，分别控制着画面、光标和闪烁的显示状态。

D 为画面显示状态位。

D=1   开显示。

D=0   关显示。

注意关显示仅是画面不出现，而 DDRAM 内容不变。这与清屏指令截然不同。

C 为光标显示状态位。

C=1   光标显示。

C=0   光标消失。

光标为底线形式（5×1 点阵），出现在第 8 行或第 11 行上。光标的位置由地址指针计数器 AC 确定，并随其变动而移动。当 AC 值超出了画面的显示范围时，光标将随之消失。

B 为闪烁显示状态位。

B=1   闪烁启用。

B=0   闪烁禁止。

闪烁是指一个字符位交替进行正常显示态和全亮显示态，闪烁频率在控制器工作频率为 250kHz 时为 2.4Hz。闪烁位置同光标一样受地址指针计数器 AC 的控制。

闪烁出现在有字符或光标显示的字符位时，正常显示态为当前字符或光标的显示；全亮显示态为该字符位所有点全显示。若出现在无字符或光标显示的字符位时，正常显示态为无显示，全亮显示态为该字符位所有点全显示。

（5）光标或画面滚动（Cursor or Display Shift）。

格式:	0	0	0	1	S/C	R/L	0	0

执行该指令将产生画面或光标向左或向右滚动一个字符位。如果定时间隔地执行该指令将产生画面或光标的平滑滚动。画面的滚动是在一行内连续循环进行的，也就是说一行的第一单元与最后一个单元连接起来，形成了闭环式的滚动。

（6）工作方式设置（Function Set）。

格式:	0	0	1	DL	N	F	0	0

该指令设置了控制器的工作方式，包括控制器与计算机的接口形式和控制器显示驱动的占空比系数等。该指令有 3 个参数 DL、N 和 F。它们的作用是：

DL 设置控制器与计算机的接口形式。接口形式体现在数据总线长度上。

DL=1　　设置数据总线为 8 位长度，即 DB7～DB0 有效。

DL=0　　设置数据总线为 4 位长度，即 DB7～DB4 有效。在该方式下 8 位指令代码和数据将按先高 4 位后低 4 位的顺序分两次传输。

N 设置显示的字符行数。

N=0　　一行字符行。

N=1　　两行字符行。

F 设置显示字符的字体。

F=0　　5×7 点阵字符体。

F=1　　5×10 点阵字符体。

（7）CGRAM 地址设置（Set CG RAM Address）。

格式:	0	1	A5	A4	A3	A2	A1	A0

该指令将 6 位 CGRAM 地址写入地址指针计数器 AC 内，随后计算机对数据的操作是对 CGRAM 的读/写操作。

（8）DDRAM 地址设置（Set DD RAM Address）。

格式:	1	A7	A5	A4	A3	A2	A1	A0

该指令将 7 位的 DDRAM 地址写入地址指针计数器 AC 内，随后计算机对数据的操作是对 DDRAM 的读/写操作。

（9）读"忙"标志和地址指针值（Read Busy Flag and Address）。

格式:	BF	A7	A5	A4	A3	A2	A1	A0

计算机对指令寄存器通道读操作（RS=0、R/W=1）时，将读出此格式的"忙"标志 BF 值和 7 位地址指针计数器 AC 的当前值。计算机随时都可以对 1602 字符点阵液晶模块读"忙"操作。

BF 值反映 1602 的接口状态。计算机在对 1602 字符点阵液晶模块每次操作时首先都要读 BF 值判断 1602 字符点阵液晶模块的当前接口状态，仅在 BF=0 时计算机才可以向 1602 字符点阵液晶模块写指令代码或显示数据和读出显示数据。

计算机读出的地址指针计数器 AC 当前值可能是 DDRAM 地址，也可能是 CGRAM 的地址，这取决于最近一次计算机向 AC 写入的是哪类地址。

（10）写数据（Write Data to CGRAM or DDRAM）。

计算机向数据寄存器通道写入数据，1602 根据当前地址指针计数器 AC 值的属性及数值将该数据送入相应的存储器内的 AC 所指的单元里。

- 如果 AC 值为 DDRAM 的地址指针，则认为写入的数据为字符代码并送入 DDRAM 内 AC 所指的单元里。
- 如果 AC 值为 CGRAM 的地址指针，则认为写入的数据是自定义字符的字模数据并送入 CGRAM 内 AC 所指的单元里。

所以计算机在写数据操作之前要先设置地址指针或人为地确认地址指针的属性及数值。在写入数据后地址指针计数器 AC 将根据最近设置的输入方式自动修改。

由此可知，计算机在写数据操作之前要做两项工作，其一是设置或确认地址计数器 AC 值的属性及数值，以保证所写数据能够正确到位；其二是设置或确认输入方式，以保证连续写入数据时 AC 值的修改方式符合要求。

（11）读数据（Read Data from CGRAM or DDRAM）。

在 1602 的内部运行时序的操作下，地址指针计数器 AC 的每一次修改，包括新的 AC 值的写入、光标滚动位移所引起的 AC 值的修改或由计算机读写数据操作后所产生的 AC 值的修改，HD44780U 都会把当前 AC 所指单元的内容送到数据输出寄存器内，供计算机读取。

如果 AC 值为 DDRAM 的地址指针，则认为数据输出寄存器的数据为 DDRAM 内 AC 所指单元的字符代码。

如果 AC 值为 CGRAM 的地址指针，则认为数据输出寄存器的数据为 CGRAM 内 AC 所指单元的自定义字符的字模数据。

计算机的读数据是从数据寄存器通道中数据输出寄存器读取当前所存放的数据。所以计算机在首次读数据操作之前需要重新设置一次地址指针 AC 值，或用光标滚动指令将地址指针计数器 AC 值修改到所需的地址上，然后进行的读数据操作将能获得所需的数据。在读取数据后地址指针计数器 AC 将根据最近设置的输入方式自动修改。

1602 字符点阵液晶模块指令一览表如表 4-4 所示。

表 4-4　1602 字符点阵液晶模块指令一览表

指令名称	控制信号		控 制 代 码								运行时间
	RS	R/W	D7	D6	D5	D4	D3	D2	D1	D0	250kHz
清屏	0	0	0	0	0	0	0	0	0	1	1.64ms
归 home 位	0	0	0	0	0	0	0	0	1	*	1.64ms
输入方式设置	0	0	0	0	0	0	0	1	I/D	S	40μs
显示状态设置	0	0	0	0	0	0	1	D	C	B	40μs
光标画面滚动	0	0	0	0	0	1	S/C	R/L	*	*	40μs
工作方式设置	0	0	0	0	1	DL	N	F	*	*	40μs
CGRAM 地址设置	0	0	0	1	A5	A4	A3	A2	A1	A0	40μs
DDRAM 地址设置	0	0	1	A6	A5	A4	A3	A2	A1	A0	40μs
读 BF 和 AC 值	0	1	BF	A6	A5	A4	A3	A2	A1	A0	40μs
写数据	1	0	数　据								40μs
读数据	1	1	数　据								40μs

注："*"表示任意值，在实际应用时一般认为是"0"。本书中如无另外说明，都认为是"0"。

5）接口时序

对 1602 液晶模块的操作时序分为"读操作时序"和"写操作时序"。所谓"读"就是从 1602 液晶模块内部读取信息，所谓"写"就是传送信息给 1602 液晶模块。

1602 液晶模块的读操作时序如图 4-2 和表 4-5 所示。

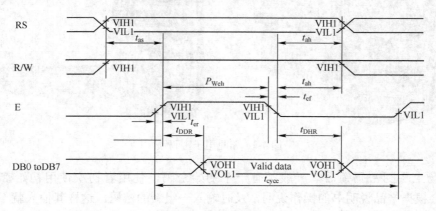

图 4-2 读操作时序图

表 4-5 读操作（V_{CC}=2.7～4.5V/4.5～5.5V，T_a=−20～+75℃）

项　　目	符　号	最小值	典型值	最大值	单位
使能周期时间	T_{cyce}	1000/500	—	—	ns
使能脉冲宽度（高电平）	P_{Weh}	450/230	—	—	ns
使能上升/下降时间	T_{er}/T_{ef}	—	—	25/20	ns
地址设置时间（RS R/W E）	T_{as}	60/40	—	—	ns
地址保持时间	T_{ah}	20/10	—	—	ns
数据设置时间	T_{dsw}	—	—	320/160	ns
数据保持时间	T_h	5	—	—	ns

因为单片机和 1602 液晶模块之间进行信息的传输存在"握手"问题，因此"判忙"就非常重要。

4.2　项目5：基于液晶1602显示密码锁控制系统设计

4.2.1　项目背景

在日常生活中，我们能见到各式各样的密码锁，其中常见电子密码锁如图 4-3 所示，也是经常使用的主要类型之一。

图 4-3　常见电子密码锁

　　在市场上买回密码锁后，一般都有一个初始密码，使用者初次使用初始密码将其打开，然后会根据产品说明书的操作说明，及时输入一组新的密码。这样其他人就不容易再按照初始密码打开电子锁。新密码的存储很重要，通常要放到非易失性存储器中，这样即使电子锁在断电后又恢复，使用者还是可以根据新设置的密码打开电子锁，而不是再使用原始密码打开，给盗贼留下可乘之机。

　　本项目采用单片机内部的 512B EEPROM 非易失性存储器来存放密码，采用 1602 液晶显示器显示提示信息，采用独立按键输入 0～9 十个数字任意组成的 6 位密码，设计一款电子密码锁。

　　电子密码锁功能如下：

　　✓ 开机有显示欢迎信息画面
　　✓ 密码设置为 6 位十进制数任意组合
　　✓ 初始密码编程时任意设置
　　✓ 有密码输入提示按键，画面有提示信息
　　✓ 只有第一次密码输入正确后才能更改新密码
　　✓ 密码正确与错误时，画面有提示信息
　　✓ 设置新密码完成后有信息提示

 ## 4.2.2　项目方案设计

　　在设计过程中，采用 0～9 十个数字的任意组合，对经常使用独立按键的高职学生来说还有一定难度，必须要突破。继电器控制是本教材项目 1 中就使用过的，可以熟能生巧，固化所学内容。液晶 1602 显示器是新内容，对其硬件接口电路很容易理解掌握，关键是对驱动程序的理解和使用，特别是对一些指令的理解。EEPROM 存储器是单片机内部自带的存储器，在操作方面不涉及到硬件知识，主要是内部寄存器使用和驱动程序理解与使用。项目方案框图如图 4-4 所示。

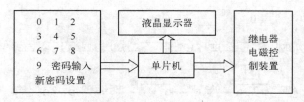

图 4-4　项目方案框图

在驱动程序设计时，充分发挥 C 语言的模块化编程优势，可以把继电器控制、按键扫描控制、1602 控制、EEPROM 控制全部单独编程为小模块，然后在主程序中灵活组合控制从而实现密码锁的预期功能。

 ## 4.2.3　项目硬件电路设计

（1）单片机 I/O 口分配如表 4-6 所示。

表 4-6　单片机 I/O 口分配

12 个按键顺序接入的引脚	继电器控制引脚	RS	RW	E	1602 数据引脚
PA0～PA7、PB0～PB3	PB4	PB5	PB6	PB7	PD0～PD7

根据项目方案及前面所学知识点，本项目共用到 12 个按键（12 个 I/O 引脚）、一个继电器（1 个 I/O 引脚）、1 个液晶 1602 显示器（3 个控制引脚、8 个数据引脚）。

从上面学习的项目中可以知道，一般情况下，我们没有分配单片机的 PC 口使用，这是因为 PC 口的部分引脚是用作 JTAG 接口使用的。但是这不能说明单片机的 PC 口就不可以使用，PC 口也是完全可以使用的，JTAG 接口只在下载程序时用到，下载完后就可以按照一般 I/O 口及第二功能口使用。

（2）继电器电路如图 4-5 所示，工作原理见项目 1，在此不再赘述。

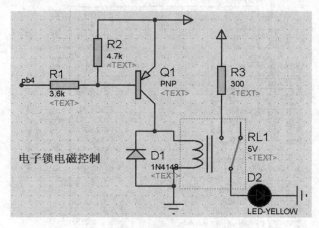

图 4-5　继电器电路

（3）按键接口电路如图 4-6 所示。

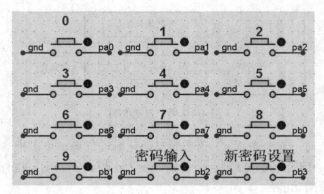

图 4-6   按键接口电路

（4）液晶 1602 接口电路如图 4-7 所示。

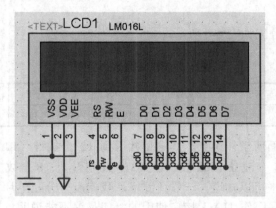

图 4-7   液晶 1602 接口电路

（5）单片机 I/O 口引脚分配如图 4-8 所示。

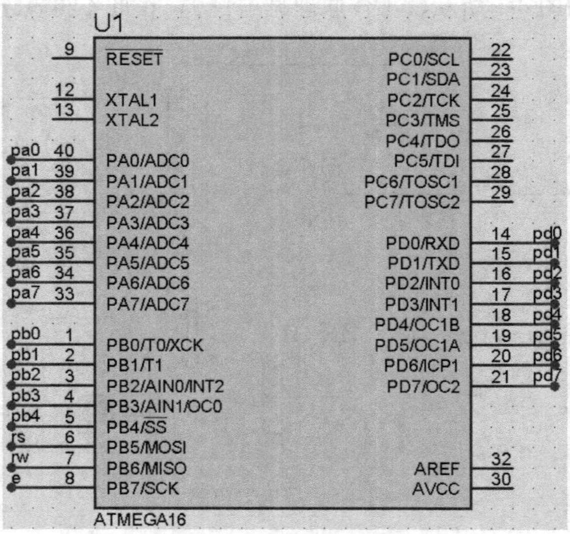

图 4-8   单片机 I/O 口引脚分配

4.2.4　项目驱动软件设计

1. 项目程序架构

项目程序架构如图 4-9 所示。

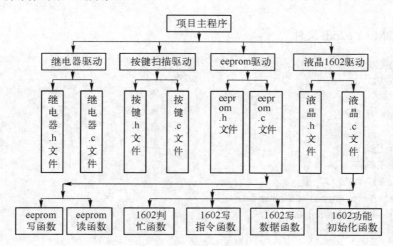

图 4-9　项目程序架构

2. EEPROM 驱动程序设计

按照任务 4 的知识点介绍第一部分内容，与 EEPROM 操作相关的寄存器第一个是 EEAR 寄存器，这个寄存器的名称是地址寄存器，共 9 位二进制数表示。这是因为 EEPROM 共有 512B 空间，采用 8 位二进制数表示是不够的，故采用了两个 8 位寄存器表示，但是高 7 位是保留不用的。

EEDR 寄存器是数据寄存器，对于 EEPROM 写操作，EEDR 是需要写到 EEAR 单元的数据；对于读操作，EEDR 是从地址 EEAR 读取的数据。

EECR 寄存器是控制寄存器，如表 4-7 所示。

表 4-7　EECR 寄存器

位	7	6	5	4	3	2	1	0
位名	—	—	—	—	EERIE	EEMWE	EEME	EERE
读/写	R	R	R	R	R/W	R/W	R/W	R/W
初始化值	0	0	0	0	0	0	X	0

EERIE 是中断使能控制位，本项目不需要中断控制，此位不再阐述。EEMWE 位十分重要，当 EEMWE 为 "1" 时，在 4 个时钟周期内置位 EEWE 将把数据写入 EEPROM 的指定地址；若 EEMWE 为 "0"，则操作 EEWE 不起作用。EEMWE 置位后 4 个周期，硬件对其清零。

对 EEWE 位，EEWE 为 EEPROM 写操作的使能信号。当 EEPROM 数据和地址设置好之后，需置位 EEWE 以便将数据写入 EEPROM。

对 EERE 位，EERE 为 EEPROM 读操作的使能信号。当 EEPROM 地址设置好之后，需置位 EERE 以便将数据读入 EEAR。EEPROM 数据的读取只需要一条指令，且无须等待。

通过对上面知识点的理解，我们编写驱动程序时主要是要实现能从 512 个 EEPROM 字节单元中读出 1B 数据，以及能够把 1B 数据写入到 512B 指定单元中。

程序如下：

1）EEPROM 的 e2p.h 文件

```
#ifndef E2P_H
#define E2P_H

#include "lm016.h"

#define EERE    0
#define EEWE    1
#define EEMWE 2
void write_eeprom(uint add,uchar dat);
uchar read_eeprom(uint add);
#endif
```

2）EEPROM 的 e2p.c 文件

```
#include"e2p.h"

void write_eeprom(uint add,uchar dat)
{
    while(EECR&(1<<EEWE));      //等待上一次写操作结束
    EEAR=add;                   //把指定地址写入到寄存器中
    EEDR=dat;                   //指定数据写入到数据寄存器
    EECR|=(1<<EEMWE);           //置位 EEWME，硬件清零
    EECR|=(1<<EEWE);            //置位 EEWE 用来启动写操作，硬件清零
}
uchar read_eeprom(uint add)
{
    while(EECR&(1<<EEWE));      //等待上一次写操作结束
    EEAR=add;                   //把指定地址写入到寄存器中
    EECR|=(1<<EERE);            //置位 EERE 来启动读操作
    return(EEDR);               //返回读出的数据
}
```

3. 1602 液晶显示驱动程序设计

1602 液晶显示驱动程序如图 4-10 所示。

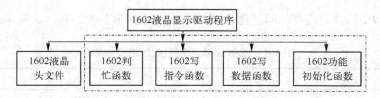

图 4-10　1602 液晶显示驱动程序

1）1602 液晶头文件

```
#ifndef LM016_H
#define LM016_H

#include <iom16v.h>
#include <AVRdef.h> //该库文件里有空操作函数 NOP()
/*******************************************
以下宏定义为控制 I/O 即 RS、RW、E 的操作
*******************************************/
#define rs_1 PORTB|=(1<<PB5)
#define rs_0 PORTB&=~(1<<PB5)

#define rw_1 PORTB|=(1<<PB6)
#define rw_0 PORTB&=~(1<<PB6)

#define e_1 PORTB|=(1<<PB7)
#define e_0 PORTB&=~(1<<PB7)

#define lm016_dat_port PORTD

#define nop() NOP()
/*******************************************
以下模块要用函数声明
*******************************************/
void lm016_io_init(void);
void delay_nms(uint nms);
uchar lm016_ack(void);
void lm016_w_cmd(uchar cmd);
void lm016_w_dat(uchar dat);
void lm016_set_init(void);

#endif
```

2）1602 判忙函数

1602 是控制应答型器件，也就是说，单片机如果想操作 1602 器件，要先询问 1602 有没有空闲时间。那么 1602 是通过什么方式通知单片机它当前的状态的呢？单片机又是如何知道 1602 忙碌与否呢？

原来 1602 是通过控制端口 RS/RW/E 的控制作用，通过读取数据接口的最高位并判断该最高位是为 1 还是为 0 来判别的，如果读取的最高位是 1，则表明 1602 很忙，如果是 0，则表示单片机可以对 1602 操作。现在的问题是 RS/RW/E 是怎么控制的呢？具体如表 4-8 所示。

表 4-8　液晶 1602 控制引脚的组合作用

RS	RW	E	功　　能
0	0	高脉冲	写指令，可以设置 1602 的功能
0	1	高电平	读状态，判忙时就要这样设置
1	0	高脉冲	写数据，主要写要显示的数据
1	1	高电平	读数据，一般用不到

代码如下：

```
/********************************
函数名称：1602 判忙函数
函数功能：判断 1602 当前忙碌与否
入口参数：无
出口参数：忙碌状态值 0X80
设计者：淮安信息 YY
设计日期：2015 年 7 月 24 日
********************************/
uchar lm016_ack(void)
{
 uchar lm016_status;
 DDRD=0X00;//数据接口方向配置为输入，准备读 1602 状态
 rs_0;
 rw_1;
 e_1;
 nop();
 lm016_status=PIND;
 nop();
 e_0;
 return lm016_status;
}
```

3）1602 写指令函数

根据 1602 操作规则，当单片机向 1602 发送指令或发送显示数据之前，必须判断 1602 当前的忙碌状态。判断的方法就是通过调用判忙函数 lm016_ack()；查看该函数的返回值大小，如果最高位为 1，则判忙函数的返回值最小值为 0X80,可以通过：while(lm016_ack()>=0x80);实现，即如果该语句的值为真，单片机程序就不再往下执行；如果为假，说明 1602 有空闲，单片机可以继续往下操作。

代码如下：

```
/********************************
函数名称：1602 写指令函数
函数功能：设置 1602 的指令
入口参数：命令字
```

```
出口参数：无
设计者：淮安信息 YY
设计日期：2015 年 7 月 24 日
*********************************/
void lm016_w_cmd(uchar cmd)
{
while(lm016_ack()>=0x80);
DDRD=0XFF;//方向配置为输出、准备输出指令
rs_0; //RS RW 为 00 设定为写指令模式
rw_0;
e_1;
nop();
lm016_dat_port=cmd;
nop();
e_0;
}
```

4）1602 写数据函数

该函数的过程和写指令函数基本一样，只是 RS、RW 两个控制信号的组合为 10 即可。

代码如下：

```
/*********************************
函数名称：1602 写数据函数
函数功能：能显示要写入的数据
入口参数：数据 ASCII 码
出口参数：无
设计者：淮安信息 YY
设计日期：2015 年 7 月 24 日
*********************************/
void lm016_w_dat(uchar dat)
{
while(lm016_ack()>=0x80);
DDRD=0XFF;
rs_1;
rw_0;
e_1;
nop();
lm016_dat_port=dat;
nop();
e_0;
}
```

5）1602 功能初始化函数

根据项目对显示信息的要求，液晶显示器应该能实现两行信息显示；根据硬件电路，液晶是 8 位数据接口；本项目设置液晶的光标无，也不闪烁；最后要清除显示画面，准备更新显示。为实现上述要求，可以对 1602 液晶显示器功能初始化。

代码如下：

```
/*********************************
函数名称：1602 功能初始化函数
函数功能：设置两行显示、8 位输入、无光标
入口参数：无
出口参数：无
设计者：淮安信息 YY
设计日期：2015 年 7 月 24 日
*********************************/
void lm016_set_init(void)
{
  lm016_w_cmd(0x38);//工作方式设置，两行显示，8 位接口
  delay_nms(10);
  lm016_w_cmd(0x0c);//显示状态设置，开画面，无光标、不闪烁
  delay_nms(10);
  lm016_w_cmd(0x06);//输入方式设置，地址自动递增
  delay_nms(10);
  lm016_w_cmd(0x01);//画面清除
  delay_nms(10);
}
```

6）写显示地址设置指令

根据 1602 指令第 8 条，指令格式是：

DDRAM 地址设置（Set DD RAM Address）

格式：	1	A7	A5	A4	A3	A2	A1	A0

该指令将 7 位 DDRAM 地址写入地址指针计数器 AC 内，随后计算机对数据的操作是对 DDRAM 的读/写操作。

因此第一行显示地址操作 lm016_w_cmd(0x80+n);n 在 1～15 之内。

因此第二行显示地址操作 lm016_w_cmd(0xC0+n);n 在 1～15 之内。

4. 继电器驱动程序设计

继电器驱动程序的设计可以使用项目 1 中的方法。

继电器模块 relay.h 文件代码如下：

```
#ifndef RELAY_H
#define RELAY_H

#include<iom16v.h>

#define uint unsigned int
#define uchar unsigned char

#define relay_on PORTB&=~(1<<PB4)
#define relay_off PORTB|=(1<<PB4)

void relay_io_init(void);

#endif
```

继电器模块 relay.c 文件代码如下：

```
#include"relay.h"

void relay_io_init(void)
{
 PORTB|=(1<<PB4);
 DDRB|=(1<<PB4);
}
```

5. 按键扫描函数

按键扫描函数还是采用独立按键扫描方法，单片机独立按键扫描方式一般用于电子系统中按键数目较少的情况下，本项目采用 12 个按键，即 10 个数字键 0～9 和两个功能按键"密码输入"与"新密码设置"。如果采用矩阵式按键 4×4 能够扩展到 16 个按键，但有 4 个按键不能用到。如何在程序中把 12 个按键单独设计成一个函数使用呢？根据本教材前 4 个项目中的经验，用到都是少于或等于 8 个按键的情况。多于 8 个按键的情况或按键接在不同端口上的情况都可以采用一种方式设计思路，把所有按键统一到一个独立按键扫描函数中。不同端口独立按键扫描处理过程如图 4-11 所示。单片机能识别按键的前提条件就是 I/O 口初始化方向输入，内部上拉电阻使能。

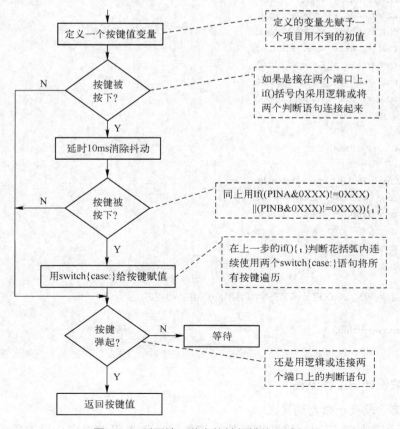

图 4-11　不同端口独立按键扫描处理过程

代码如下：

```
/*********************************
函数名称：独立按键扫描函数
函数功能：识别12个独立按键是否按下，并赋予不同键值
入口参数：无
出口参数：按键的赋值
设计者：淮安信息 YY
设计日期：2015年7月24日
*********************************/
uchar key_scan(void)
{
  uchar key_value=235;
  if(((PINA&0XFF)!=0XFF)||((PINB&0X0F)!=0X0F))
  {
    delay_nms(10);
    if(((PINA&0XFF)!=0XFF)||((PINB&0X0F)!=0X0F))
    {
      switch(PINA&0XFF)
      {
        case 0xfe:key_value=0;break;
        case 0xfd:key_value=1;break;
        case 0xfb:key_value=2;break;
        case 0xf7:key_value=3;break;
        case 0xef:key_value=4;break;
        case 0xdf:key_value=5;break;
        case 0xbf:key_value=6;break;
        case 0x7f:key_value=7;break;
        default:break;
      }
      switch(PINB&0X0F)
      {
        case 0x0e:key_value=8;break;
        case 0x0d:key_value=9;break;
        case 0x0b:key_value=10;break;
        case 0x07:key_value=11;break;
        default:break;
      }
    }
    while(((PINA&0XFF)!=0XFF)||((PINB&0X0F)!=0X0F));
  }
  return key_value;
}
```

6. 主函数设计与工作流程

1）全局变量或提示信息的定义

主要考虑到初始密码用一维数据存放，该数据在新密码设置成功后能覆盖原来数字；

临时性输入密码用一维数组存放，当密码输入按键按下后，连续按下的密码存储在此数组内，为比较准备；液晶 1602 的画面提示信息采用字符串数组，共 4 条提示信息；功能标志变量一个，为新密码输入功能按键准备，也就是只有在上次的密码输入正确的情况下，新密码设置按键才起作用。

代码如下：

```
#include"e2p.h"
#include"button.h"
//密码存放的数组
uchar old_pass[6]={1,2,3,4,5,6};
uchar temp_pass[6];
//以下几句为系统提示或开机信息
uchar tishi1[]="Well Come";
uchar tishi2[]="To HCIT!";
uchar tishi3[]="P_Input Password!";
uchar tishi4[]="Set New Password";
//工作标志变量
uchar flag1=0;
```

2）主函数进入后的几个准备工作

在进入 while(1){;}工作之前，要做如下工作：

- 定义变量 key 及其他变量；
- 调用按键 I/O 初始化函数；
- 调用继电器 I/O 口初始化函数；
- 调用液晶 I/O 口初始化函数；
- 调用液晶功能初始化函数；
- 通过一个 for(;;)语句把初始密码写入 EEPROM 内部连续 6 个单元存储；
- 开机画面提示信息。

3）主循环工作流程

- 按键扫描
- 如果密码输入按键被按下：
  - ◆ 清画面，显示密码提示信息
  - ◆ 连续 6 位密码输入，并存储到临时一维数组中
  - ◆ 密码比较，通过读 EEPROM 内部密码存储单元内容与临时数组比较
    - 正确，标志位赋值 1，提示正确，继电器动作
    - 不正确，标志位赋值 0，提示错误，继电器不动作
- 密码正确后，新密码设置起作用
- 清画面，显示密码提示信息
- 连续 6 位密码输入，并替换原先密码
- 密码设置完成提示信息

4）主程序工作流程

主程序工作流程如图 4-12 所示。

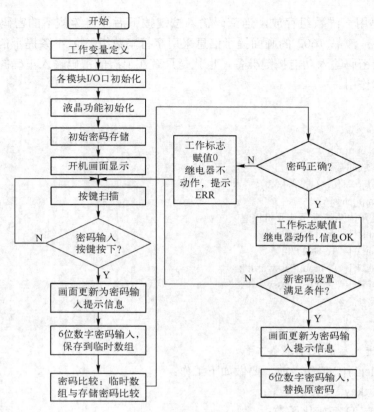

图 4-12　主程序工作流程

主函数代码如下：

```
/*********************************
函数名称：主函数
函数功能：实现电子密码锁功能
入口参数：无
出口参数：无
设计者：淮安信息 YY
设计日期：2015 年 7 月 24 日
*********************************/
void main(void)
{
 uchar key,i,j=0,k=0;
 key_io_init();//以下为各个模块初始化
 lm016_io_init();
 relay_io_init();
 lm016_set_init();

 for(k=0;k<6;k++)//for 语句实现先把初始密码存到 EEPROM 的 0～5 单元
 {
  write_eeprom(k,old_pass[j++]);
  delay_nms(10);
```

```
}
lm016_w_cmd(0x80+3);   //以下 3 句为开机显示第一行信息"Wellcome"
while(tishi1[i]!='\0')
lm016_w_dat(tishi1[i++]);
i=0;  //i=0 很重要，因为下面重复使用这个变量
lm016_w_cmd(0xc0+4);   //以下 3 句为开机显示第二行信息"To HCIT！"
while(tishi2[i]!='\0')
lm016_w_dat(tishi2[i++]);
i=0;  //i=0 很重要，因为下面重复使用这个变量
while(1)
{
  key=key_scan();
  if(key==10)//以下密码输入按键的功能实现
  {
  lm016_set_init();         //画面重新设置，主要是清除掉原内容
  lm016_w_cmd(0x80);    //以下 3 句为密码输入提示信息显示
  while(tishi3[i]!='\0')
  lm016_w_dat(tishi3[i++]);
  i=0;  //以下 3 句为变量清 0，后面需要使用
  k=0;
  j=0;
  lm016_w_cmd(0xc0+4);    //准备在第二行显示输入的密码

    while(j!=6)    //连续输入 6 位数字密码的控制语句
    {
      key=key_scan();//按键扫描，准备输入数字 0～9
      if((key==0)||(key==1)||(key==2)||(key==3)||(key==4)
        ||(key==5)||(key==6)||(key==7)||(key==8)||(key==9))
      {
        temp_pass[j]=key;//新输入的数字存入数组保存
        lm016_w_dat(temp_pass[k++]+0x30);//显示出输入的数字
        delay_nms(50);//稍微延时
        j++;//变量控制
      }
    }
    if((read_eeprom(0)==temp_pass[0])&&(read_eeprom(1)==temp_pass[1]) //密码比较语句
      &&(read_eeprom(2)==temp_pass[2]) &&(read_eeprom(3)==temp_pass[3])
      &&(read_eeprom(4)==temp_pass[4])&&(read_eeprom(5)==temp_pass[5]))
    {
    flag1=1;//只有首次输入正确的情况下，才可以新密码设置的控制位
    relay_on;//继电器打开，密码锁开
    lm016_w_cmd(0xc0+10);//显示密码正确信息
    lm016_w_dat('-');
    lm016_w_dat('O');
    lm016_w_dat('K');
    }
  else //如果密码不正确，继电器不动作，并显示错误信息
    {
```

```
            relay_off;
            lm016_w_cmd(0xc0+10);
            lm016_w_dat('E');
            lm016_w_dat('R');
            lm016_w_dat('R');
          }
      }
    if((key==11)&&(flag1==1))//只有上次正确的情况下，新密码设置按键才起作用
      {
        flag1=0; //标志位复位
        i=0;
      lm016_set_init();//清除液晶画面
      lm016_w_cmd(0x80);//新密码设置提示信息显示
      while(tishi4[i]!='\0')
      lm016_w_dat(tishi4[i++]);
      i=0;    //以下 3 句为变量清 0，后面需要使用
      k=0;
      j=0;
      lm016_w_cmd(0xc0+4); //准备在第二行显示新设置密码数字
        while(j!=6)
        {
          key=key_scan();
          if((key==0)||(key==1)||(key==2)||(key==3)||(key==4)
            ||(key==5)||(key==6)||(key==7)||(key==8)||(key==9))
          {
            old_pass[j]=key;//新设置的密码覆盖老的密码
            lm016_w_dat(old_pass[k++]+0x30);//显示输入数字
            write_eeprom(j,old_pass[j]);//新密码替换老密码并写入 EEPROM 的 0～5 单元
            delay_nms(50);
            j++;
            if(j==6)//新密码设置完，提示完成信息
            {
            lm016_w_dat('-');
          lm016_w_dat('O');
          lm016_w_dat('K');
            }
          }
        }
      }
    }
  }
```

4.2.5 项目系统集成与调试

（1）新建工程，输入代码（单片机初学者可以先一个一个模块调试），如图 4-13 所示。

图 4-13　新建工程代码输入

（2）工程编译配置，如图 4-14 所示。

图 4-14　工程编译配置

（3）工程编译，结果如图 4-15 所示。

```
C:\iccv7avr\bin\imakew -f PASSWORD_LOCK.mak
    iccavr -c -IG:\mega16单片机重点教材修订\项目5~1\电子密码锁驱动\Headers -e -D__ICC_VERSION=722 -
    iccavr -c -IG:\mega16单片机重点教材修订\项目5~1\电子密码锁驱动\Headers -e -D__ICC_VERSION=722 -
    iccavr -c -IG:\mega16单片机重点教材修订\项目5~1\电子密码锁驱动\Headers -e -D__ICC_VERSION=722 -
    iccavr -c -IG:\mega16单片机重点教材修订\项目5~1\电子密码锁驱动\Headers -e -D__ICC_VERSION=722 -
    iccavr -o PASSWORD_LOCK -g -e:0x4000 -ucrtatmega.o -bfunc_lit:0x54.0x4000 -dram_end:0x45f -bdat
Device 8% full.
Done. Sat Jul 25 15:00:29 2015
```

图 4-15　工程编译结果

（4）在仿真电路中加载可执行文件，如图 4-16 所示。

图 4-16　可执行文件加载

（5）功能实现，分别如图 4-17～图 4-23 所示。

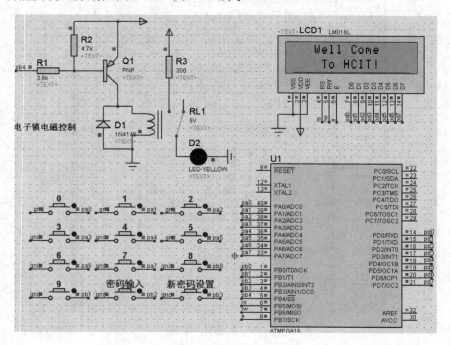

图 4-17　开机画面

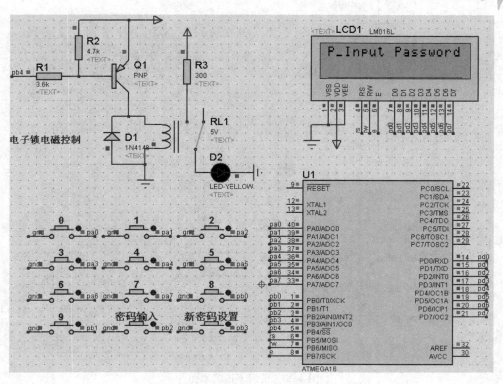

图 4-18   按下密码输入按键提示画面

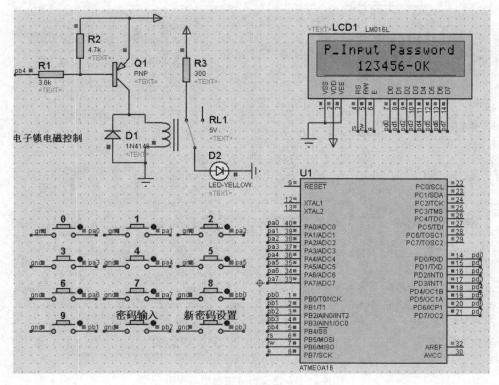

图 4-19   输入初始密码正确功能

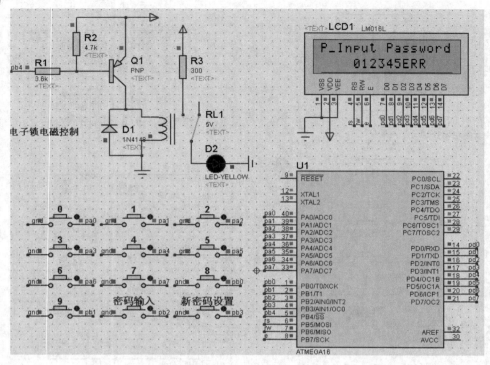

图 4-20　密码不正确画面

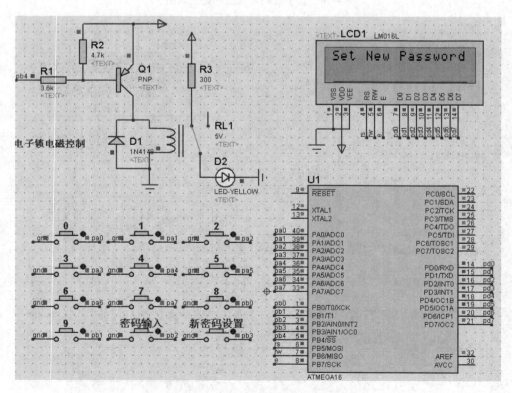

图 4-21　新密码设置按键提示画面

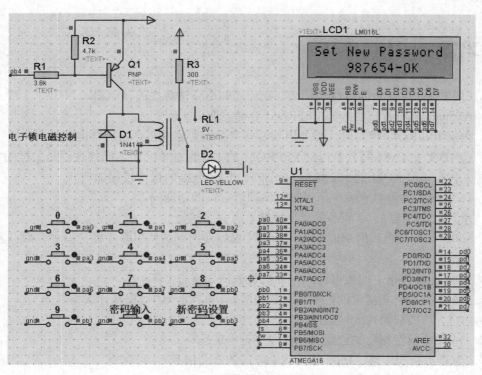

图 4-22 新密码设置成功画面

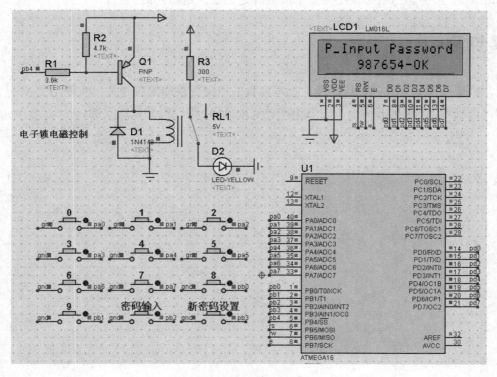

图 4-23 新密码输入功能实现

知识巩固

1. EEPROM 存储器的特性是什么？我们还知道哪些特性的存储器？

2. ATmega16 单片机的内部 EEPROM 存储器有多大呢？

3. 内部 EEPROM 使用时，需要用到哪些寄存器？这些寄存器的功能是什么？

4. 把 1B 数据 0x88 写入到内部 EEPROM 的 123 地址单元中，操作过程是怎样的？

5. 从内部 EEPROM 的 123 地址单元中读出 1B 数据的操作过程如何？

6. 1602 液晶显示器有多少个引脚？你知道它们的功能吗？

7. 单片机如何与 1602 液晶显示器连接？

8. 1602 的控制引脚的功能是什么？单片机如何控制这些引脚才能把指令、数据发送给 1602？

9. 1602 在接收指令或数据前，单片机是如何知道它忙不忙的？

10. 1602 是如何在指定的位置显示数据的？1602 显示的数据是什么格式的？

11. 1602 功能初始化的过程如何？

12. 1602 如何在指定的位置显示一段字符串信息？

13. 为显示新的信息，1602 如何清除以前的画面信息？

14. 连续输入多个数据，需要采用怎样的控制方式？

15. 一个按键起作用必须在另一个按键确定之后，是如何做到的？

拓展练习

1. 请查阅薄膜开关的工作原理，把本项目的按键更换成薄膜开关，实现功能。

2. 请观察 ATM 机的操作，改造本项目实现 ATM 机控制面板的功能。

任务 5

单片机定时器 T0 的应用

5.1 ATmega16 单片机定时使用概述与目标要求

5.1.1 任务教学目标

ATmega16 一共配置了两个 8 位和 1 个 16 位共 3 个定时/计数器，它们是 8 位的定时/计数器 T/C0、T/C2 和 16 位的定时/计数器 T/C1。ATmega16 单片机的定时器工作模式多，初学者可以从最基本的普通工作和快速 PWM 工作模式开始学习。熟练掌握基本用法，达到举一反三的效果。下面以定时器 T0 为例进行学习。本任务教学目标如下：

◆ 理解定时/计数器的工作原理；
◆ 理解定时器 T0 的寄存器使用方法；
◆ 会使用定时器 T0 结合外部中断设计一款电子时钟；
◆ 会使用定时器 T0 的 PWM 功能设计 LED 调光控制器。

5.1.2 教学目标知识与技能点介绍

1. 定时/计数器工作原理

定时/计数器不管是作为计数器使用还是作为定时器使用，其根本的工作原理都是对一个脉冲系列信号进行计数。通常所谓的定时器，更多的情况是指其计数脉冲信号来自芯片本身的内部。由于内部的计数脉冲信号的频率（周期）是已知的或固定的，因此用户可以根据需要来设定计数器脉冲计数的个数，以获得一个等间隔的定时中断。利用定时中断，可以方便地实现系统定时访问外设或处理事物，以及获得更加准确的延时等。

AVR 的定时/计数器在内部系统时钟和计数单元之间增加了一个可设置的预分频器，利用这个预分频器，定时/计数器可以从内部系统中获得不同频率的计数脉冲信号。

AVR 单片机的每一个定时/计数器都配备独立的、多达 10 位的预分频器，由软件设定分频系数，与 8/16 位定时/计数器配合，可以提供多种档次的定时时间。使用时可选取最接近的定时档次，即选 8/16 位定时/计数器与分频系数的最优组合，减小了定时误差。所以，AVR 定时/计数器的显著特点之一是高精度和宽时范围，使得用户应用起来更加灵活和方便。

T/C0 的计数时钟源可由来自外部引脚 T0 的信号提供，也可来自芯片的内部。

● 使用系统内部时钟源

当定时/计数器使用系统内部时钟作为计数源时，通常作为定时器和波形发生器使用。因为系统时钟的频率是已知的，这样通过计数器的计数值就可以知道时间值。

AVR 在定时/计数器和内部系统时钟之间增加了一个预定比例分频器，分频器对系统时钟信号进行不同比例的分频，分频后的时钟信号提供给定时/计数器使用。利用预定比例分频器，定时/计数器可以从内部系统时钟获得几种不同频率的计数脉冲信号，使用非常灵活。

● 使用外部时钟源

当定时/计数器使用外部时钟作为计数源时，通常作为计数器使用，用于记录外部脉冲的个数。外部时钟源通过外部引脚 T0（PB0）引入单片机系统。

外部时钟源的最高频率不能大于系统时钟频率的 1/2.5，脉冲宽度也要大于一个系统时钟周期。另外，外部时钟源是不进入预定比例分频器进行分频的。

T/C0 根据计数器的工作模式，在每一个计数时钟源时钟到来时，计数器进行加 1、减 1 或清零操作。

T/C0 的计数值保存在 8 位寄存器 TCNT0 中，MCU 可以在任何时间访问（读/写）TCNT0。MCU 写入 TCNT0 的值将立即覆盖其中原有的内容，同时也会影响到计数器的运行。

2．T/C0 实现定时功能的寄存器设置

（1）T/C0 计数寄存器——TCNT0，如表 5-1 所示。

表 5-1　TCNT0 寄存器

位	7	6	5	4	3	2	1	0
读/写	R/W	R/W	R/W	R/W	R/W	R/W	R/W	R/W
初始化值	0	0	0	0	0	0	0	0

TCNT0 是 T/C0 的计数值寄存器，该寄存器可以直接被 MCU 读/写访问。写 TCNT0 寄存器将在下一个定时器时钟周期中阻塞比较匹配。因此，在计数器运行期间修改 TCNT0 的内容，有可能将丢失一次 TCNT0 与 OCR0 的匹配比较操作。

（2）定时/计数器中断屏蔽寄存器——TIMSK，如表 5-2 所示。

表 5-2　TIMSK 寄存器

位	7	6	5	4	3	2	1	0
位名								TOIE0
读/写								R/W
初始化值	0	0	0	0	0	0	0	0

● 位 0——TOIE0：T/C0 溢出中断允许标志位

当 TOIE0 被设为 "1"，且状态寄存器中的 I 位被设为 "1" 时，将使能 T/C0 溢出中断。若在 T/C0 上发生溢出，即 TOV0=1，则执行 T/C2（T/C0）溢出中断服务程序。

（3）定时/计数器中断标志寄存器——TIFR，如表 5-3 所示。

表 5-3　TIFR 寄存器

位	7	6	5	4	3	2	1	0
位名								TOV0
读/写	R/W	R/W	R/W	R/W	R/W	R/W	R/W	R/W
初始化值	0	0	0	0	0	0	0	0

● 位 0——TOV0：T/C0 溢出中断标志位

当 T/C0 产生溢出时，TOV0 位被设为 "1"。当转入 T/C0 溢出中断向量执行中断处理程序时，TOV0 由硬件自动清零。写入一个逻辑 "1" 到 TOV0 标志位将清除该标志位。当寄存器 SREG 中的 I 位、TOIE0 以及 TOV0 均为 "1" 时，T/C0 的溢出中断被执行。

（4）T/C0 控制寄存器——TCCR0，如表 5-4 所示。

表 5-4　TCCR0 寄存器

位	7	6	5	4	3	2	1	0
位名		WGM00			WGM01	CS02	CS01	CS00	TCCR0
读/写	R/W	R/W	R/W	R/W	R/W	R/W	R/W	R/W
初始化值	0	0	0	0	0	0	0	0

8 位寄存器 TCCR0 是 T/C0 的控制寄存器，它用于选择定时器的时钟源、工作模式和比较输出的方式等。

● 位 3、6——WGM0[1:0]：波形发生模式

这两个标志位控制 T/C0 的计数和工作方式、计数器计数的上限值，以及确定波形发生器的工作模式（见表 5-5）。T/C0 支持的工作模式有：普通模式、比较匹配时定时器清零（CTC）模式，以及两种脉宽调制（PWM）模式。**在本任务中我们使用普通模式，即 WGM0[1:0]=0.**

表 5-5　T/C0 的波形产生模式

模　　式	WGM01	WGM00	T/C0 工作模式	计数上限值	OCR0 更新	TOV0 置位
0	0	0	普通模式	0xFF	立即	0xFF
1	0	1	PWM，相位可调	0xFF	0xFF	0x00
2	1	0	CTC 模式	OCR0	立即	0xFF
3	1	1	快速 PWM	0xFF	0xFF	0xFF

● 位 5、4——COM0[1：0]：本任务我们主要学习比较输出，快速 PWM 模式

这两位控制 OC0（PB3）的快速 PWM 模式时，比较匹配时引脚状态如表 5-6 所示。

表5-6　快速 PWM 工作模式的 OC0 匹配状态

COM01	COM00	说　明
0	0	正常的端口操作，不与 OC0 连接
0	1	保留
1	0	比较匹配时，OC0 端口清 0，TOP 时 OC0 置 1
1	1	比较匹配时，OC0 端口置 1，TOP 时 OC0 清 0

● 位 2、1、0——CS0[2:0]：T/C0 时钟源选择

这 3 个标志位被用于选择设定 T/C0 的时钟源，见表 5-7。在本实例中我们使用时钟 8 分频，即 **CS0[2:0]=2.**

表 5-7　T/C0 的时钟源选择

CS02	CS01	CS00	说　明
0	0	0	无时钟源（停止 T/C0）
0	0	1	clk$_{T0S}$（不经过分频器）
0	1	0	clk$_{T0S}$/8（来自预分频器）
0	1	1	clk$_{T0S}$/64（来自预分频器）
1	0	0	clk$_{T0S}$/256（来自预分频器）
1	0	1	clk$_{T0S}$/1024（来自预分频器）
1	1	0	外部 T0 脚，下降沿驱动
1	1	1	外部 T0 脚，上升沿驱动

3. PWM 简介

PWM 是脉冲宽度调制的简称。实际上，PWM 波也是一个连续的方波，但在一个周期中，其高电平和低电平的占空比是不同的。一个典型 PWM 的波形如图 5-1 所示。

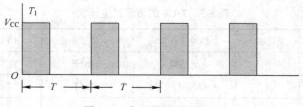

图 5-1　典型的 PWM 波形

在图中，T 是 PWM 波的周期，T_1 是高电平的宽度，V_{CC} 是高电平值。当该 PWM 波通过一个积分器（低通滤波器）后，我们可以得到其输出的平均电压为

$$V = \frac{V_{CC} * T_1}{T}$$

式中，T_1/T 称为 PWM 波的占空比。控制调节和改变 T_1 的宽度，即改变 PWM 的占空比，就可以得到不同的平均电压输出。因此在实际应用中，常利用 PWM 波的输出，实现 D/A 转换，调节电压或电流控制改变电机的转速，实现变频控制等功能。

4. 利用比较匹配输出端口输出 PWM

利用 ATmega16 定时/计数器 0 的快速 PWM 模式，与比较匹配寄存器相配合，能直接生成占空比可变的方波信号，即脉冲宽度调制输出 PWM 信号。快速 PWM 模式工作的基本原理是：定时/计数器在计数过程中，内部硬件电路会将计数值（TCNT0）和比较寄存器（OCR0）中的值进行比较，当两个值相匹配（相等）时，能自动置位（清零）一个固定引脚的输出电平（OC0），而当计数器的值到达最大值时，则自动将该引脚的输出电平（OC0）清零（置位）。因此，在程序中改变比较寄存器中的值（通常在溢出中断服务中），定时/计数器就能自动产生不同占空比的方波（PWM）信号输出了。

5.2　项目 6：能校时的电子时钟设计

5.2.1　项目背景

在日常生活中随处都可以看到各式各样的时钟，如图 5-2 所示，本项目就用单片机的定时、计数器 T0 及前面所学习的液晶 1602 与外部中断知识，设计一个能校准时间的电子时钟控制系统。其中单片机内部的定时器 T0 负责产生秒信号基准及时间信息；液晶 1602 负责信息显示；两个外部中断负责校准时间的时信号和分信号。实现的功能如下：

图 5-2　常见时钟

◆ 能在 1602 中间位置显示"BeiJing Time"。
◆ 能在 1602 第二行中间位置显示"小时：分钟：秒"信息。
◆ 外部中断 0 接按键负责时信息校准。
◆ 外部中断 1 接按键负责分信息校准。

5.2.2　项目方案设计

　　根据单片机的定时器 T0 的工作原理，定时就是用 TCNT0 来累计一个周期稳定的时钟脉冲个数，脉冲周期可以根据晶振的频率及 T0 信号源预分频系数决定，再根据 T0 的 8 位计数器计数范围，从而可以采用定时器中断的计数产生一个时间基准信号，在此基础上再产生秒信号。时分信号校准使用按键调整，但按键的电路需要外加上拉电阻。液晶显示器采用 1602 能在第一行显示北京时间标示，在第二行显示时间信息。项目方案框图如图 5-3 所示。

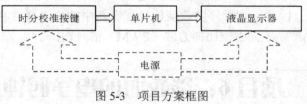

图 5-3　项目方案框图

5.2.3　项目硬件电路设计

　　（1）单片机 I/O 引脚分配如表 5-8 所示。

表 5-8　单片机 I/O 引脚分配

液晶数据传送端口	液晶控制端口 RS、RW、E	时校准按键	分校准按键
PA0～A7	RS—PB0\RW—PB1\ E—PB2	INT0(PD2)	INT1(PD3)

　　由于采用按键扫描的方式校准时间，系统反应不是很灵敏，所以采用外部中断的方式校准。这样就要预留出两个外部中断引脚接入校准时间的按键。其他的端口可以随意安排。
　　（2）时间校准电路如图 5-4 所示。
　　因为单片机对外部中断信号的触发方式可知，只有外部电路能产生低电平、下降沿、上升沿信号的电路才能有效地触发外部中断，因此，按键在与外部中断引脚连接时需要接入上拉电阻，这样就可以在外部中断触发方式寄存器中设置为下降沿或上升沿触发的方式。
　　（3）1602 液晶接口电路如图 5-5 所示。

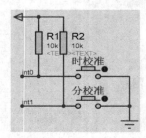

图 5-4　时间校准电路

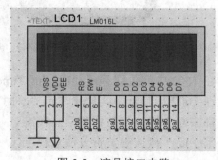

图 5-5　液晶接口电路

液晶 1602 在实际产品中一般还有背光引脚，主要是因为液晶本身不能发光，主要靠环境亮度显示信息。

（4）项目总体电路如图 5-6 所示。

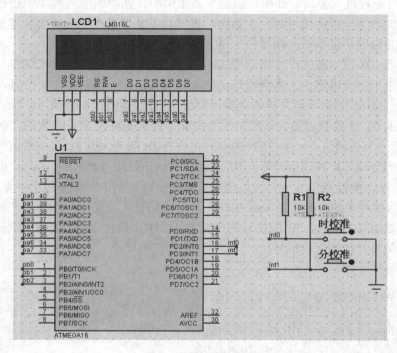

图 5-6　项目总体电路

 ## 5.2.4　项目驱动软件设计

1．项目程序架构

如图 5-7 所示，根据项目用到的知识，把程序分成 3 个模块文件，每个模块再分为两个文件，这样可以分工合作，有利于团队工作。

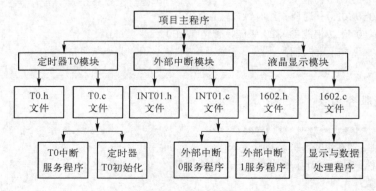

图 5-7　项目程序架构

2．T0 模块驱动程序设计

T0 是 8 位定时/计数器，采用普通工作模式，也就是 TCNT0 计数器的向上计数，最大值为 0XFF，当超过最大值后，让单片机产生溢出中断，在中断服务程序中统计中断次数，当中断次数累加产生一秒的信号后，中断次数清零。以此类推产生分钟信号与小时信号。因此，当前遇到的问题是最小时间基准信号是怎么产生的。

根据定时器 T0 信号源的产生来源可知，当 TCCR0 控制寄存器的 CS02、CS01、CS00 三个位的不同电平组合时产生。本项目是 CS02-00=010B，也就是采用 8 分频，这样如果单片机的晶振为 1MHz 的话，单片机的机器周期就为 1μs，经过 8 分频后，脉冲的周期就为 8μs，由于 TCNT0 计数器的最大计数范围为 256，而且是向上增长计数的，我们就需要给 TCNT0 先赋给一个初始值，比如 TCNT0=131，则 TCNT0 就在 131 这个数值的基础上累加 256-131=125 个分频后周期波信号后，T0 就会产生溢出，用 125×8=1000μs 也就是 1ms，换句话说就是 1ms 就能溢出一次，如果使能了溢出中断，在中断服务程序中重新给 TCNT0 赋值 131，那么单片机的 T0 就会 1ms 中断一次，我们就可以采用一个计数变量统计中断次数，当中断次数为 1000 时，1s 的信号就产生了。接下来统计 1s 产生的次数就能产生分信号，再统计分信号就能产生时信号。

1）T0 初始化函数

```
/*********************************
函数名称：T0 初始化函数
函数功能：定时器普通工作模式，时钟源信号 8 分频
         定时时间 1ms，使能 T0 溢出中断
入口参数：无
出口参数：无
晶振：内部 1MHz
设计者：淮安信息 YY
设计日期：2015 年 7 月 26 日
*********************************/
void t0_normal_sfr_init(void)
{
 CLI();      //关闭总中断
 TCNT0=0X83;//初值 131
 TCCR0=0X02;//普通模式，时钟分频系数 8
 TIMSK=0X01;//使能 T0 溢出中断，置位 T0IE0
 SEI();      //打开总中断
}
```

2）T0 中断服务函数

```
/*********************************
函数名称：T0 中断服务函数
函数功能：通过统计中断次数，产生时间信号
入口参数：无
出口参数：无
```

晶振：内部 1MHz

设计者：淮安信息 YY

设计日期：2015 年 7 月 26 日

**********************************/

```
#pragma interrupt_handler t0_sevce:iv_TIM0_OVF
void t0_sevce(void)
{
 TCNT0=0x83;//重装初值，保证 1ms 的中断间隔
 interrupt_counter++;//统计中断次数
 if(interrupt_counter==1000)//1000 次中断产生了秒信号
 {
  interrupt_counter=0;
  second++;//统计秒累加次数
  if(second==60)//分信号产生
  {
   second=0;
   minute++;//统计分累加次数
   if(minute==60)//时信号产生
   {
    minute=0;
    hour++;//统计时累加次数
    if(hour==24)//1 天信号产生
    {
     hour=0;
    }
   }
  }
 }
}
```

3．外部中断模块程序设计

外部中断主要包括中断的触发条件设置也就是中断寄存器的初始化，中断处理过程及中断服务函数详解如下。

1）外部中断 INT0 与 INT1 的初始化函数

首先要使能外部中断，主要是 GICR 寄存器中 INT0 与 INT1 的两个位置为 1；再次及时设置触发的电平方式，为保证每次按键后只能 1 次进入中断服务函数，可以设置 MCUCR 寄存器中的 ISC11、ISC10、ISC01、ISC00 为 101010B 即为上升沿触发；最后使能全局中断。代码如下：

```
/*******************************
函数名称：外部中断 0 外部中断 1 初始化函数
函数功能：使能中断 0 与 1，上升沿触发中断
入口参数：无
出口参数：无
```

```
晶振：内部 1MHz
设计者：淮安信息 YY
设计日期：2015 年 7 月 26 日
*********************************/
void int01_sfr_init(void)
{
 CLI();//关全局中断
 GICR|=(1<<INT0)+(1<<INT1);//使能中断 INT0、INT1
 MCUCR=0X0A;//上升沿触发中断
 SEI();//使能全局中断
}
```

2）外部中断服务函数

```
/********************************
函数名称：外部中断 0 服务函数
函数功能：时信号校准，采用加 1 校准，24 为模
入口参数：无
出口参数：无
晶振：内部 1MHz
设计者：淮安信息 YY
设计日期：2015 年 7 月 26 日
*********************************/
#pragma interrupt_handler int0_sevce:2
void int0_sevce(void)
{
 hour++;//时信号校准
 if(hour==24)hour=0;
}
/********************************
函数名称：外部中断 1 服务函数
函数功能：分信号校准，采用加 1 校准，60 为模
入口参数：无
出口参数：无
晶振：内部 1MHz
设计者：淮安信息 YY
设计日期：2015 年 7 月 26 日
*********************************/
#pragma interrupt_handler int1_sevce:3
void int1_sevce(void)
{
minute++;//分信号校准
if(minute==60)minute=0;
}
```

4．液晶模块程序设计

在液晶模块驱动程序中，判忙函数、写指令函数、写数据函数、功能初始化函数与前一个任务一样，此处不再赘述。

为了使主函数看起来更加简洁，结构更加清晰，本项目增加编写一个专门显示秒、分、时的子函数。该函数有 3 个形参分别代表秒、分、时信号，在函数内部对时间数据拆分处理，通过调用数组的方法（数组预先把 0～9 这 10 个数字用单引号的方式转换成 ASCII 码存储）。

代码如下：

```
/********************************
函数名称：液晶显示函数
函数功能：实现时间信息的显示
入口参数：无
出口参数：秒信号、分信号、时信号
晶振：内部 1MHz
设计者：淮安信息 YY
设计日期：2015 年 7 月 26 日
********************************/
void lm016_display(uint second,uint minute,uint hour)
{
uchar sec_shi,sec_ge,min_shi,min_ge,hou_shi,hou_ge;
sec_shi=second/10;//秒数据拆分成十位与个位
sec_ge=second%10;

min_shi=minute/10;//分数据拆分成十位与个位
min_ge=minute%10;

hou_shi=hour/10;//时数据拆分成十位与个位
hou_ge=hour%10;

lm016_w_dat(tab[hou_shi]);//显示秒信息
lm016_w_dat(tab[hou_ge]);
lm016_w_dat(':');            //间隔符号
lm016_w_dat(tab[min_shi]);//显示分信息
lm016_w_dat(tab[min_ge]);
lm016_w_dat(':');            //间隔符号
lm016_w_dat(tab[sec_shi]);//显示时信息
lm016_w_dat(tab[sec_ge]);
}
```

5．主函数设计

主函数流程如图 5-8 所示。

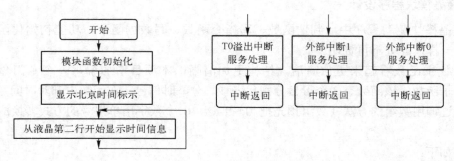

图 5-8   主函数流程

代码如下：

```
/*********************************
函数名称：项目主函数
函数功能：实现 24 小时制电子时钟功能
入口参数：无
出口参数：无
晶振：内部 1MHz
设计者：淮安信息 YY
设计日期：2015 年 7 月 26 日
*********************************/
void main(void)
{
 uchar i=0;//定义变量，为字符数组显示准备
 lm016_io_init();//以下为各模块初始化调用
 lm016_set_init();
 t0_normal_sfr_init();
 int01_sfr_init();

 lm016_w_cmd(0x80+2);//显示北京时间标示，在第一行
 while(tishi[i]!='\0')
 lm016_w_dat(tishi[i++]);

 while(1)
 {
  lm016_w_cmd(0xc0+4);//第二行中间位置开始显示
  lm016_display(second,minute,hour);//显示时间信息
 }
}
```

 ## 5.2.5 项目系统集成与调试

（1）新建工程，输入代码，添加文件并保存，如图 5-9 所示。

图 5-9　新建工程，添加文件并保存

（2）项目编译选项设置，如图 5-10 所示。

图 5-10　项目编译选项设置

（3）项目编译，结果如图 5-11 所示。

```
C:\iccv7avr\bin\imakew -f TIMER.mak
    iccavr -c -IG:\mega16单片机重点教材修订\项目6~1\Headers -e -D__ICC_VERSION=722 -DAT
    iccavr -o TIMER -g -e:0x4000 -ucrtatmega.o -bfunc_lit:0x54.0x4000 -dram_end:0x45f -
Device 6% full.
Done. Sun Jul 26 17:18:17 2015
```

图 5-11　编译结果

（4）加载运行，结果如图 5-12 所示。

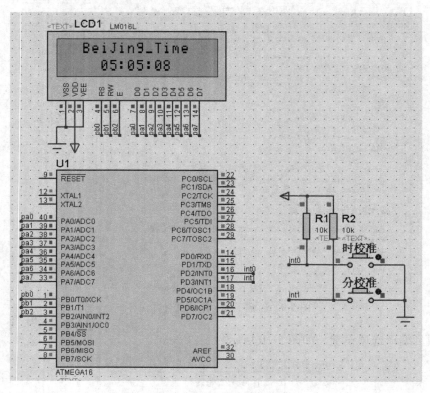

图 5-12　加载运行结果

知识巩固

1. 你能说清楚单片机定时器与计数器的区别吗？

2. 单片机的 T0 普通工作模式是怎样工作的？

3. 定时器 T0 的 TCNT0 计数寄存器最大计数范围是多少？为什么要装初始值呢？

4. 单片机的定时时间为什么会与单片机工作晶振关系密切呢？

5. 如果想停止定时器 T0 的动作，怎么设置？

6. 单片机内部中断的向量表示什么意思？

7. 本项目外部中断触发电平为什么一般设置为上升沿？如果设置成低电平会发生什么现象？还可以设置成什么触发方式？

8. 定时器 T0 的中断标志位在项目中有没有用到？是在什么地方用到的？

9. 本项目中的定时器 T0 的中断服务程序为什么在开始处要重装一次初值？

10. 定时器 T0 最大的定时时间是多少？

11. 本项目的秒信号是怎么产生的？

12. 中断服务函数在模块编程中一般放在什么地方？

13. 全局变量在项目不同模块中如何使用？

14. 如果想编写更加容易的可移植 C 函数，该在什么地方下功夫？

15. 本项目的液晶显示函数为什么要设置 3 个形参？可以有其他变化吗？

拓展练习

1. 如何在本项目的基础上，把功能扩展成万年历？

2. 请设计一款田径赛场使用的毫秒计。

5.3　项目 7：基于 PWM 波的 LED 调光控制器设计

5.3.1　项目背景

自从人类意识到一定要千方百计节能减排才能解决大气变暖的迫切问题后，如何减少照明用电就成为一个重要的问题提到日程上来。因为照明用电占总能耗的 20%。幸好出现了高效节能的 LED，LED 本身比白炽灯节能 5 倍以上，比荧光灯、节能灯也要节能一倍左右，还不像荧光灯、节能灯那样含汞。如果还能够利用调光来节能，那么也是非常重要的节能手段。但过去所有光源都很不容易实现调光，而容易调光正是 LED 的一个很大的优点。因为在很多场合其实不需要开灯或者至少不需要那么亮，例如半夜到黎明时段的路灯；地铁车厢从地下开到郊区地面时车厢里的照明灯；更常见的是在阳光明媚时靠近窗口的办公室、学校、工厂等的荧光灯都还开着。这些地方每天不知道要浪费多少电能！过去因为高压钠灯、荧光灯、吸顶灯、节能灯根本无法调光，也只能算了。现在改用 LED 以后，可以自如调光了，这些电能完全可以节省下来！ 所以对于灯具调光来说，家庭壁上调光不是主要的应用场合，市场也很小。反而是路灯、办公室、商场、学校、工厂才是按需调光更重要的场合，不但市场巨大，而且节能可观。这些场合需要的不是手动调光而是自动调光、智能调光。常见 LED 调光控制器如图 5-13 所示。

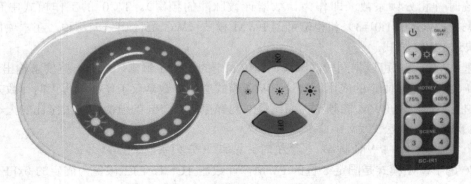

图 5-13　常见 LED 调光控制器

利用 ATmega16 定时/计数器 0 的快速 PWM 模式，与比较匹配寄存器相配合，能直接生成占空比可变的方波信号，即脉冲宽度调制输出 PWM 信号。快速 PWM 模式工作的基本原理是：定时/计数器在计数过程中，内部硬件电路会将计数值（TCNT0）和比较寄存器（OCR0）中的值进行比较，当两个值相匹配（相等）时，能自动置位（清零）一个固定引脚的输出电平（OC0），而当计数器的值到达最大值时，则自动将该引脚的输出电平（OC0）清零（置位）。因此，在程序中改变比较寄存器中的值（通常在溢出中断服务中），定时/计数器就能自动产生不同占空比的方波（PWM）信号输出了。

一个 PWM 波的参数有频率、占空比和相位（在一个 PWM 周期中，高低电平转换的起始时间），其中频率和占空比为主要的参数。

在实际应用中，除了要考虑如何正确地控制和调整 PWM 波的占空比，获得达到要求的平均电压的输出外，还需要综合考虑 PWM 的周期、PWM 波占空比调节的精度（通常用 BIT 位表示）、积分器的设计等。而且这些因素相互之间也是互相牵连的。根据 PWM 的特点，在使用 AVR 定时/计数器设计输出 PWM 时应注意以下几点：

（1）首先应根据实际的情况，确定需要输出的 PWM 波的频率范围。这个频率与控制的对象有关。如输出的 PWM 波用于控制灯的亮度，由于人眼不能分辨 42Hz 以上的频率，所以 PWM 的频率应高于 42Hz，否则人眼会察觉到灯的闪烁。PWM 波的频率越高，经过积分器输出的电压也越平滑。

（2）同时还要考虑占空比的调节精度。同样，PWM 波占空比的调节精度越高，经过积分器输出的电压也越平滑。但占空比的调节精度与 PWM 波的频率是一对矛盾，在相同的系统时钟频率时，提高占空比的调节精度，将导致 PWM 波频率的降低。

（3）由于 PWM 波的本身还是数字脉冲波，其中含有大量丰富的高频成分，因此在实际使用中，还需要一个好的积分器电路，如采用有源低通滤波器或多阶滤波器等，能将高频成分有效地去除掉，从而获得比较好的模拟变化信号。

（4）要想在比较匹配输出引脚上输出 PWM 波，必须把该引脚的方向寄存器设置为输出。

ATmega16 的 T/C0 具备产生 PWM 波的功能，由于它的计数器的长度为 8 位，所以是固定 8 位精度的 PWM 波发生器。即 PWM 的调节精度为 8 位，因此 PWM 波的周期只能取决于系统时钟和分频系数（即作为计数器计数脉冲的频率）。T/C0 的工作模式中有快速 PWM 模式（WGMn[1:0]=3）和相位可调 PWM 模式（WGMn[1:0]=1）两种，在本项目中，只介绍快速 PWM 模式。

快速 PWM 模式可以得到较高频率、相位固定的 PWM 输出，适合一些要求输出 PWM 频率较高、频率相位固定的应用。快速 PWM 模式中，计数器仅工作在单程正向计数方式，计数器的上限值决定 PWM 的频率，而比较匹配寄存器 OCRn 的值决定了占空比的大小。快速 PWM 频率的计算公式为

$$PWM \text{ 频率} = \text{系统时钟频率} / (\text{分频系数} \times 256)$$

T/C0 的 PWM 模式是固定 8 位的 PWM，计数器 TCNTn 的上限值为固定的 0xFF（8 位 T/C），而比较匹配寄存器 OCRn 的值与计数器上限值之比即为占空比。

5.3.2　项目方案设计

本项目采用 6 个按键，分别实现不同调光功效，其中调光递增与调光递减有两个外部中断实现，其余 4 个固定占空比按键采用独立按键功能实现，考虑到仿真软件中的 LED 显示特效，采用平滑滤波器先对单片机的 PWM 波进行平滑处理再控制 LED 灯，显示器采用 1602 液晶显示器，第一行显示当前占空比提示标示，第二行显示实时占空比数值。系统电源部分不在本教材考虑范围之内。系统方案框图如图 5-14 所示。

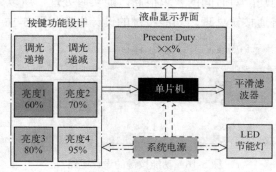

图 5-14　系统方案框图

5.3.3　项目硬件电路设计

（1）单片机 T0 的 PWM 波输出引脚如图 5-15 所示。

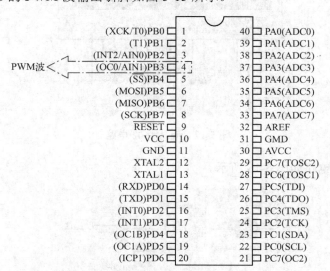

图 5-15　T0 的 PWM 波输出引脚

单片机的定时器 T0 的 PWM 波与 PB3 口复用，只要通过 TCCR0 的寄存器设置成快速 PWM 工作模式，就能把普通 I/O 模式转换成 PWM 输出模式。在此再强调一下，如果要使该端口能有效输出 PWM 波形，必须把该端口的方向寄存器配置成输出模式。

（2）单片机 I/O 引脚分配如表 5-9 所示。

表 5-9　单片机 I/O 引脚分配

调光递增	调光递减	占空比固定按键	液晶控制 RS、RW、E	液晶数据端	PWM 输出
PD2	PD3	PB4～PB7	PB0～PB2	PA0～PA7	PB3

（3）按键模块电路设计如下。

调光递增与调光递减两个按键采用外部中断引脚 INT0 和 INT1 接入按键，这样做的目的，主要考虑两个按键的功能对时间的要求很高，能实时处理，所以采用中断模式处理。

其余 4 个按键采用普通按键处理。功能按键的设计电路如图 5-16 所示。

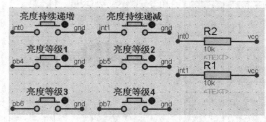

图 5-16　功能按键的设计电路

（4）液晶 1602 电路如图 5-17 所示。

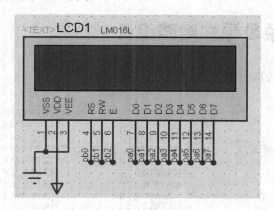

图 5-17　液晶 1602 电路

（5）LED 驱动电路如图 5-18 所示。

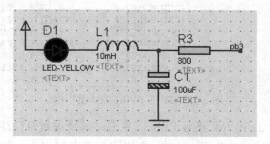

图 5-18　LED 驱动电路

考虑 LED 显示的效果，LED 还是采用共阳极驱动，在 PB3 的 PWM 波形输出之前，用电感和电容对 PWM 波进行平滑处理。

（6）项目总体电路如图 5-19 所示。

为了使读者对 PWM 波形调节有更加直观的感受，本项目使用仿真软件自带示波器，在不同功能按键的作用下，可以看到波形的变化。

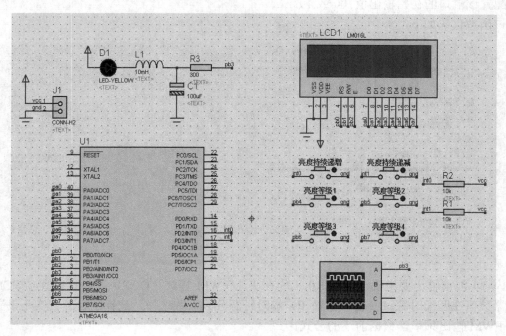

图 5-19　项目总体电路

 ## 5.3.4　项目驱动软件设计

1. 项目程序架构

项目程序架构如图 5-20 所示。

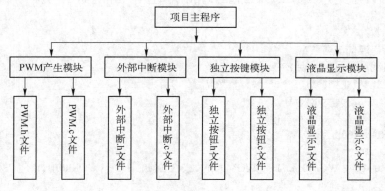

图 5-20　项目程序架构

2．PWM 波形产生驱动程序

本项目主要包含两个主要部分，分别是 PB3 引脚的方向寄存器设置与 T0 定时器的 PWM 寄存器设置。按照前面强调的知识点，如果想在 PB3 口有效输出 PWM 波形，则对应的该端口方向寄存器必须设置为输出方向，然后再结合 TCCR0 寄存器的 COM01-00 的配置，配置该端口的初始输出值（0 或 1）。

该函数代码如下：

```
/*********************************
函数名称：PWM 波形输出引脚初始化
函数功能：输出、初始值为 0
入口参数：无
出口参数：无
设计者：淮安信息 YY
设计日期：2015 年 7 月 27 日
*********************************/
void pwm_oc0_init(void)
{
  PORTB&=~(1<<PB3);
  DDRB|=(1<<PB3);
}
```

PWM 波形输出要先确定 TCCR0 工作在快速 PWM 模式，OCR0 寄存器数值与 TCNT0 计数器数值在匹配时置 1（也可以置 0）和时钟源分频系数选择，选择的目的其实是设置项目的 PWM 输出频率。根据前述的公式：

$$PWM\ 频率\ =\ 系统时钟频率/（分频系数×256）$$

如果不分频，则 PWM 输出的频率=1 000 000/(1×256)=3 906.25Hz，单片机晶振使用内部 1MHz 晶振。这样的时钟源分频系数过大，产生的 PWM 频率很低，会使 LED 出现闪烁。

该函数代码如下：

```
/*********************************
函数名称：T0 的 PWM 波形输出寄存器初始化
函数功能：快速 PWM 模式、比较匹配 PWM 引脚置 1，溢出置 0，不分频
入口参数：无
出口参数：无
设计者：淮安信息 YY
设计日期：2015 年 7 月 27 日
*********************************/
void t0_pwm_sfr_init(void)
{
  TCCR0=0X00;
  OCR0=10;
  TCCR0|=(1 <<WGM01)+(1 << WGM00)+(1 << COM01)+(1 << COM00)+(1 << CS00);
}
```

3. 外部中断函数驱动程序

在外部中断服务函数中可以改变 PWM 比较匹配寄存器 OCR0 的数值。具体驱动分为外部中断使能初始化函数，代码如下：

```
/*********************************
函数名称：外部中断 0 外部中断 1 初始化函数
函数功能：使能中断 0 与 1，上升沿触发中断
入口参数：无
出口参数：无
晶振：内部 1MHz
设计者：淮安信息 YY
设计日期：2015 年 7 月 26 日
*********************************/
void int01_sfr_init(void)
{
 CLI();//关全局中断
 GICR|=(1<<INT0)+(1<<INT1);//使能中断 INT0、INT1
 MCUCR=0X0A;//上升沿触发中断
 SEI();//使能全局中断
}
```

两个外部中断服务函数的代码如下：

```
/*********************************
函数名称：外部中断 0 服务函数
函数功能：实现 OCR0 寄存器数值加 10 分级递增
入口参数：无
出口参数：无
晶振：内部 1MHz
设计者：淮安信息 YY
设计日期：2015 年 7 月 26 日
*********************************/
#pragma interrupt_handler int0_sevce:2
void int0_sevce(void)
{
 OCR0+=10;
 if(OCR0>=245)OCR0=254;
}
/*********************************
函数名称：外部中断 1 服务函数
函数功能：实现 OCR0 寄存器数值减 10 分级递减
入口参数：无
出口参数：无
晶振：内部 1MHz
设计者：淮安信息 YY
设计日期：2015 年 7 月 26 日
*********************************/
```

```
#pragma interrupt_handler int1_sevce:3
void int1_sevce(void)
{
OCR0-=10;
if(OCR0<=100)OCR0=100;
}
```

4. 独立按键

具体见以前项目，此处略。

5. 液晶显示驱动程序

需要强调的是本部分中的信息显示函数部分，也就是占空比的数值部分是如何处理的。我们知道 T0 定时器是 8 位的定时，TCNT0 与 OCR0 寄存器也都是 8 位的，PWM 产生的过程是 OCR0 与 TCNT0 的比较匹配，TCNT0 的最大范围为 256，OCR0 寄存器中数值小于或等于 100%。处理的方法就是定义一个浮点型变量存储这个比值，然后再把该比值乘上 100 后再强制转换成 uchar 型变量，最后把这个数值的十位与个位分别取出送 1602 液晶指定位置显示。代码如下：

```
/*********************************
函数名称：1602 液晶占空比显示函数
函数功能：占空比数据处理与显示
入口参数：OCR0 寄存器实时数值
出口参数：无
设计者：淮安信息 YY
设计日期：2015 年 7 月 27 日
*********************************/
void lm016_display(uchar number)
{
  float num1;
  uchar num2,shi,ge;
  num1=(number*0.0039);//1/256=0.0039
  num2=(uchar)(num1*100);
  shi=num2/10;
  ge=num2%10;

  lm016_w_dat(tab[shi]);
  lm016_w_dat(tab[ge]);
  lm016_w_dat('%');

}
```

6. 主程序工作流程

主程序文件的开始处，包含合格模块的.h 文件，并定义全部一维字符串数组 uchar tishi[]="Percent Duty:";准备在液晶第一行中间位置显示项目提示信息，定义十个十进制数字的 ACSII 码的一维数组，准备在出具处理过程中以查表方式调用，在 lm016.c 的文件中，用 extern uchar tab[] 声明就可以使用，uchar tab[]={'0','1','2','3','4','5','6','7','8','9'};。

主程序工作之前，定义工作变量 i 及 key 准备显示提示信息及调用按键扫描函数，紧接着运行各个模块的初始化函数，并在液晶第一行显示提示信息。

主程序工作流程如图 5-21 所示。

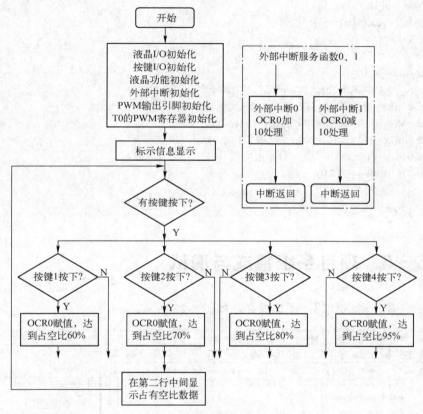

图 5-21　主程序工作流程

代码如下：

```
/********************************
函数名称：主函数
函数功能：实现 LED 固定等级与连续调光功能
入口参数：无
出口参数：无
晶振：内部 1MHz
设计者：淮安信息 YY
设计日期：2015 年 7 月 26 日
********************************/
void main(void)
{
  uchar i=0,key;
  lm016_io_init();
```

```
    key_io_init();
    lm016_set_init();
    int01_sfr_init();
    pwm_oc0_init();
    t0_pwm_sfr_init();
    lm016_w_cmd(0x80+1); //以下 3 句为提示信息显示
    while(tishi[i]!='\0')
    lm016_w_dat(tishi[i++]);
    while(1)
    {
     key=key_scan();
     if(key==1)OCR0=155;      //60%占空比赋值
     else if(key==2)OCR0=180; //70%占空比赋值
     else if(key==3)OCR0=206; //80%占空比赋值
     else if(key==4)OCR0=244;//95%占空比赋值
     lm016_w_cmd(0xc0+7);    //显示占空比
     lm016_display(OCR0);
    }
}
```

5.3.5　项目系统集成与调试

（1）新建工程，输入代码，添加保存，如图 5-22 所示。

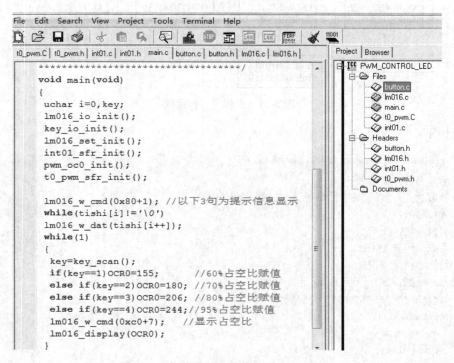

图 5-22　新建工程，输入代码，添加保存

（2）工程编译选项配置，如图 5-23 所示。

图 5-23   工程编译选项配置

（3）工程编译结果如图 5-24 所示。

```
C:\iccv7avr\bin\imakew -f PWM_CONTROL_LED.mak
    iccavr -c -IG:\mega16单片机重点教材修订\项目7P~1\PWM驱动程序\Headers
    iccavr -o PWM_CONTROL_LED -g -e:0x4000 -ucrtatmega.o -bfunc_lit:0x54
Device 9% full.
Done. Mon Jul 27 16:47:52 2015
```

图 5-24   工程编译结果

（4）可执行文件加载，如图 5-25 所示。

图 5-25   可执行文件加载

（5）按下亮度等级 1、2、3、4 按键效果如图 5-26～图 5-29 所示。

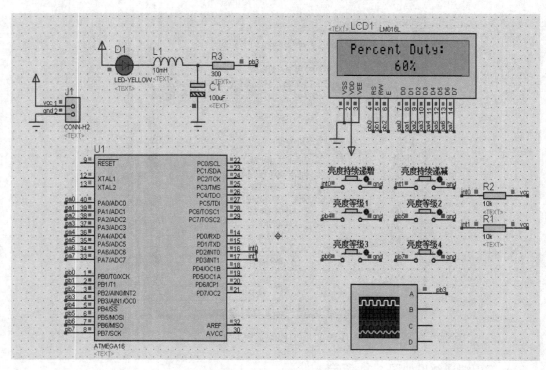

图 5-26　亮度等级 1 效果

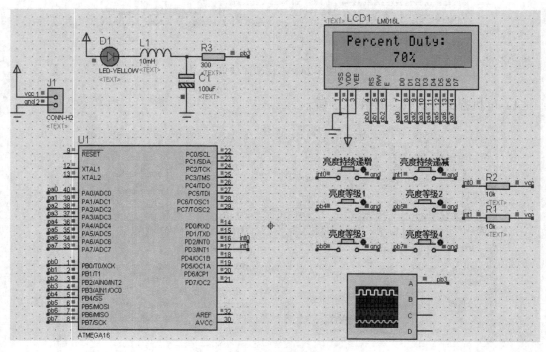

图 5-27　亮度等级 2 效果

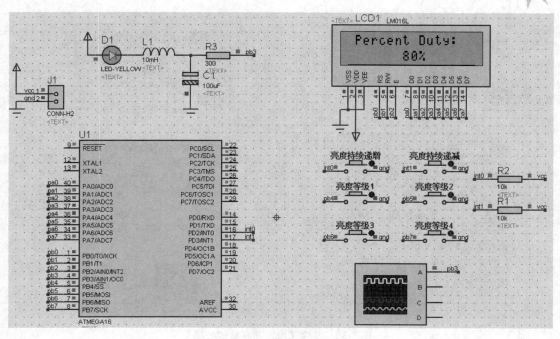

图 5-28　亮度等级 3 效果

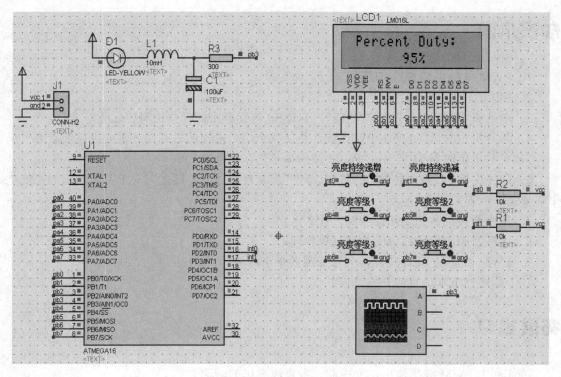

图 5-29　亮度等级 4 效果

（6）按下持续递增、递减按键效果如图 5-30 所示。

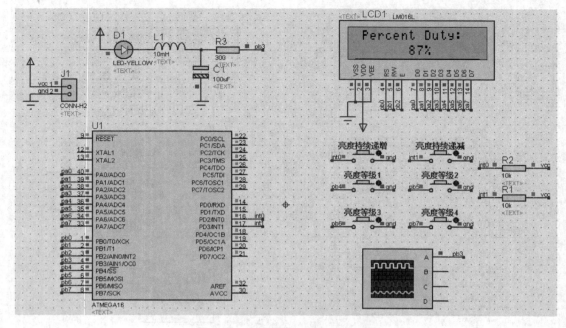

图 5-30   持续递增、递减按键效果

知识巩固

1．PWM 波的主要参数有哪些？

2．PWM 波主要应用在哪些方面？

3．单片机定时器 T0 产生 PWM 波，TCCR0 寄存器中的哪些位需要配置？

4．单片机定时器 T0 产生 PWM 波，是从哪个端口输出的？端口还需要哪些配置？

5．单片机定时器 T0 产生的 PWM 波频率是怎么设计的？

6．OCR0 与 TCNT0 寄存器的数据比较匹配是什么意思？匹配时对 PWM 输出的高低电平需要怎么配置？

7．用中断按键和独立扫描按键有什么区别？

8．本项目中占空比数值的处理过程如何？

9．PWM 波驱动 LED 发光，为什么需要平滑滤波？

10．简述一下本项目的开发流程。

拓展练习

请你利用 PWM 波形输出，来控制一台直流电机的转速。

任务6

单片机 AD 模块应用

6.1 AD 转换使用概述与目标要求

6.1.1 任务教学目标

◆ 了解 ATmega16 单片机的 ADC 特点；
◆ 理解 ATmega16 单片机的 ADC 应用步骤；
◆ 会使用单片机内部的 ADC 寄存器，对 ADC 模块初始化；
◆ 能熟练掌握单片机 ADC 相关功能引脚的处理方法；
◆ 能使用单片机内部 AD 转换模块设计一款简易的数字电压表；
◆ 能使用单片机内部 AD 转换模块设计光强检测闭环控制系统。

6.1.2 教学目标知识与技能点介绍

1. ATmega16 单片机的 ADC 特点

ATmega16 单片机有一个 10 位的逐次逼近型 ADC。ADC 与一个 8 通道的模拟多路复用器连接，能对来自端口 A 的 8 路单端输入电压进行采样。

当单端使用时以 0V（GND）为基准。同时 ATmega16 的 ADC 还支持 16 路差分电压输入组合。两路差分输入（ADC1、ADC0 与 ADC3、ADC2）有可编程增益级，在 AD 转换前给差分输入电压提供 0dB（1×）、20dB（10×）或 46dB（200×）的放大级。七路差分模拟输入通道共享一个通用负端（ADC1），而其他任何 ADC 输入可作为正输入端。如果使用 1×或 10×增益，可得到 8 位分辨率；如果使用 200×增益，可得到 7 位分辨率。

ADC 包括一个采样保持电路，以确保在转换过程中输入到 ADC 的电压保持恒定。

ADC 由 AVCC 引脚单独提供电源。AVCC 与 VCC 之间的偏差不能超过±0.3V。

ATmega16 单片机的 ADC 特点概括如下：

● 10 位精度
● 0.5LSB 的非线性度
● ±2LSB 的绝对精度

- 65～260μs 的转换时间
- 最高分辨率时采样率高达 15kSPS
- 8 路复用的单端输入通道
- 7 路差分输入通道
- 两路可选增益为 10× 与 200× 的差分输入通道
- 可选的左对齐 ADC 读数
- $0～V_{CC}$ 的 ADC 输入电压范围
- 可选的 2.56V ADC 参考电压
- 连续转换或单次转换模式
- 通过自动触发中断源启动 ADC 转换
- ADC 转换结束中断
- 基于睡眠模式的噪声抑制器

注意：

　　在 PDIP 封装下的差分输入通道器件未经测试。只保证器件在 TQFP 与 MLF 封装下正常工作。

2. ATmega16 单片机的模数转换器（ADC）介绍

　　由于单片机只能处理数字信号，所以外部的模拟信号量需要转变成数字量才能进一步由单片机进行处理。ATmega16 内部集成有一个 10 位逐次比较（successive approximation）ADC 电路，因此使用 AVR 可以非常方便地处理输入的模拟信号量。

　　ADC 功能单元包括采样保持电路，以确保输入电压在 ADC 转换过程中保持恒定。ADC 通过逐次比较方式，将输入端的模拟电压转换成 10 位的数字量。最小值代表地，最大值为 AREF 引脚上的电压值减 1 个 LSB。可以通过 ADMUX 寄存器中 REFSn 位的设置，选择将芯片内部参考电源（2.56V）或 AVCC 连接到 AREF，作为 AD 转换的参考电压。这时，内部电压参考源可以通过外接于 AREF 引脚的电容来稳定，以改进抗噪特性。

　　模拟输入通道和差分增益的选择是通过 ADMUX 寄存器中的 MUX 位设定的。任何一个 ADC 的输入引脚，包括地（GND）以及内部的恒定能隙（fixed bandgap）电压参考源，都可以被选择用来作为 ADC 的单端输入信号。而 ADC 的某些输入引脚则可选择作为差分增益放大器的正、负极输入端。当选定了差分输入通道后，差分增益放大器将两输入通道上的电压差按选定增益系数放大，然后输入到 ADC 中。若选定使用单端输入通道，则增益放大器无效。

　　通过设置 ADCSRA 寄存器中的 ADC 使能位 ADEN 来使能 ADC。在 ADEN 没有置"1"前，参考电压源和输入通道的选定将不起作用。当 ADEN 位清"0"后，ADC 将不消耗能量，因此建议在进入节电休眠模式前将 ADC 关掉。

　　ADC 将 10 位的转换结果放在 ADC 数据寄存器中（ADCH 和 ADCL）。默认情况下，转换结果为右端对齐。但可以通过设置 ADMUX 寄存器中 ADLAR 位，调整为左端对齐。如果转换结果是左端对齐，并且只需要 8 位的精度，那么只需读取 ADCH 寄存器的数据作为转换结果就达到要求了。否则，必须先读取 ADCL 寄存器，然后再读取 ADCH 寄存器，以保证数据寄存器中的内容是同一次转换的结果。因为一旦 ADCL 寄存器被读取，就阻断了 ADC 对 ADC 数据寄存器的操作。这就意味着，一旦指令读取了 ADCL，那么必须紧接着读取一次 ADCH；如果在读取 ADCL 和读取 ADCH 的过程中正好有一次 ADC 转换完成，ADC 的两个数据寄存器的内容是不会被更新的，该次转换的结果将丢失。只有当 ADCH 寄存器被读取后，ADC 才可以继续对 ADCL 和 ADCH 寄存器操作更新。

ADC 有自己的中断，当转换完成时中断将被触发。尽管在顺序读取 ADCL 和 ADCH 寄存器过程中，ADC 对 ADC 数据寄存器的更新被禁止，转换的结果丢失，但仍会触发 ADC 中断。

ADC 转换结果：转换结束后（ADIF 为高），转换结果被存入 ADC 结果寄存器（ADCL、ADCH）。

单次转换的结果如下：

$$ADC = \frac{V_{IN} \times 1024}{V_{REF}}$$

式中　　V_{IN}——被选中引脚的输入电压；

V_{REF}——参考电压。

3. ATmega16 单片机模数转换器 ADC 相关的 I/O 寄存器

（1）多路复用器选择寄存器 ADMUX，见表 6-1。

表 6-1　ADMUX 寄存器

位	7	6	5	4	3	2	1	0
位名称	REFS1	REFS0	ADLAR	MUX4	MUX3	MUX2	MUX1	MUX0
读写值	R/W	R/W	R/W	R/W	R/W	R/W	R/W	R/W
复位值	0	0	0	0	0	0	0	0

● 位 7、6——REFS[1:0]：ADC 参考电源选择

REFS1、REFS0 用于选择 ADC 的参考电源，见表 6-2，如果这些位在 ADC 转换过程中被改变，新的选择将在该次 ADC 转换完成后（ADCSRA 中的 ADIF 被置位）才生效。一旦选择内部参考源（AVCC、2.56V）为 ADC 的参考电压后，AREF 引脚上不得施加外部的参考电源，只能与 GND 之间并接抗干扰电容。

表 6-2　ADC 参考电源选择

REFS1	REFS0	ADC 参考电源
0	0	外部引脚 AREF，断开内部参考源连接
0	1	AVCC，AREF 外部并接电容
1	0	保留
1	1	内部 2.56V，AREF 外部并接电容

● 位 5——ADLAR：ADC 结果左对齐选择

ADLAR 位决定转换结果在 ADC 数据寄存器中的存放形式。写"1"到 ADLAR 位，将使转换结果左对齐（LEFT ADJUST）；否则，转换结果为右对齐（RIGHT ADJUST）。无论

ADC 是否正在进行转换，改变 ADLAR 位都将会立即影响 ADC 数据寄存器。

● 位 4..0——MUX[4:0]：模拟通道和增益选择

这 5 个位用于对连接到 ADC 的输入通道和差分通道的增益进行选择设置，见表 6-3。注意，只有转换结束后（ADCSRA 的 ADIF 是"1"），改变这些位才会有效。

表 6-3　ADC 输入通道和增益选择

MUX[4:0]	单端输入	差分正极输入	差分负极输入	增　　益
00000	ADC0			
00001	ADC1			
00010	ADC2			
00011	ADC3		N/A	
00100	ADC4			
00101	ADC5			
00110	ADC6			
00111	ADC7			
01000		ADC0	ADC0	10×
01001		ADC1	ADC0	10×
01010		ADC0	ADC0	200×
01011		ADC1	ADC0	200×
01100		ADC2	ADC2	10×
01101		ADC3	ADC2	10×
01110		ADC2	ADC2	200×
01111		ADC3	ADC2	200×
10000		ADC0	ADC1	1×
10001		ADC1	ADC1	1×
10010		ADC2	ADC1	1×
10011	N/A	ADC3	ADC1	1×
10100		ADC4	ADC1	1×
10101		ADC5	ADC1	1×
10110		ADC6	ADC1	1×
10111		ADC7	ADC1	1×
11000		ADC0	ADC2	1×
11001		ADC1	ADC2	1×
11010		ADC2	ADC2	1×
11011		ADC3	ADC2	1×
11100		ADC4	ADC2	1×
11101		ADC5	ADC2	1×
11110	1.22V（VBG）		N/A	
11111	0V（GND）			

（2）ADC 控制和状态寄存器 A——ADCSRA，见表 6-4。

表 6-4　ADCSRA 寄存器

位	7	6	5	4	3	2	1	0
位名称	ADEN	ADSC	ADATE	ADIF	ADIE	ADPS2	ADPS1	ADPS0
读写值	R/W	R/W	R/W	R/W	R/W	R/W	R/W	R/W
复位值	0	0	0	0	0	0	0	0

● 位 7——ADEN：ADC 使能

该位写入"1"时使能 ADC，写入"0"关闭 ADC。如在 ADC 转换过程中将 ADC 关闭，该次转换随即停止。

● 位 6——ADSC：ADC 转换开始

在单次转换模式下，置该位为"1"，将启动一次转换。在自由连续转换模式下，该位写入"1"将启动第一次转换。先置位 ADEN 位使能 ADC，再置位 ADSC；或在置位 ADSC 的同时使能 ADC，都会使能 ADC 开始进行第一次转换。第一次 ADC 转换将需要 25 个 ADC 时钟周期，而不是常规转换的 13 个 ADC 时钟周期，这是因为第一次转换需要完成对 ADC 的初始化。在 ADC 转换的过程中，ADSC 将始终读出为"1"。当转换完成时，它将转变为"0"。强制写入"0"是无效的。

● 位 5——ADATE：ADC 自动转换触发允许

当该位被置为"1"时，允许 ADC 工作在自动转换触发工作模式下。在该模式下，在触发信号的上升沿时 ADC 将自动开始一次 ADC 转换过程。ADC 的自动转换触发信号源由 SFIOR 寄存器中的 ADTS 位选择确定。

● 位 4——ADIF：ADC 中断标志位

当 ADC 转换完成并且 ADC 数据寄存器被更新后该位被置位。如果 ADIE 位（ADC 转换结束中断允许）和 SREG 寄存器中的 I 位被置"1"，ADC 中断服务程序将被执行。ADIF 在执行相应的中断处理向量时被硬件自动清零。此外，ADIF 位可以通过写入逻辑"1"来清零。

● 位 3——ADIE：ADC 中断允许

当该位和 SREG 寄存器中的 I 位同时被置位时，允许 ADC 转换完成中断。

● 位 2..0——ADPS[2:0]：ADC 预分频选择

这些位决定了 XTAL 时钟与输入到 ADC 的 ADC 时钟之间的分频系数，见表 6-5。

表 6-5　ADC 时钟分频

ADPS[2:0]	分 频 系 数
000	2
001	2
010	4
011	8
100	16
101	32
110	64
111	128

（3）ADC 数据寄存器——ADCL 和 ADCH。

ADLAR = 0，ADC 转换结果右对齐时，ADC 结果的保存方式如表 6-6 所示，此时读取 ADCH，ADCH 寄存器的高 6 位需要屏蔽为 0，所有位只能读。

表 6-6　ADC 转换结果右对齐数据存储方式

15	14	13	12	11	10	9	8	
—	—	—	—	—	—	ADC9	ADC8	ADCH
ADC7	ADC6	ADC5	ADC4	ADC3	ADC2	ADC1	ADC0	ADCL
7	6	5	4	3	2	1	0	

ADLAR = 1，ADC 转换结果左对齐时，ADC 结果的保存方式如表 6-7 所示，此时 ADC 转换结果时，如果精度要求不高，可以直接读取 ADCH。

表 6-7　ADC 转换结果左对齐数据存储方式

15	14	13	12	11	10	9	8	
ADC9	ADC8	ADC7	ADC6	ADC5	ADC4	ADC3	ADC2	ADCH
ADC1	ADC0	—	—	—	—	—	—	ADCL
7	6	5	4	3	2	1	0	

当 ADC 转换完成后，可以读取 ADC 寄存器的 ADC0～ADC9 得到 ADC 的转换结果。如果是差分输入，转换值为二进制的补码形式。一旦开始读取 ADCL 后，ADC 数据寄存器就不能被 ADC 更新，直到 ADCH 寄存器被读取为止。因此，如果结果是左对齐（ADLAR=1），且不需要大于 8 位的精度的话，仅读取 ADCH 寄存器就足够了。否则，必须先读取 ADCL 寄存器，再读取 ADCH 寄存器。ADMUX 寄存器中的 ADLAR 位决定了从 ADC 数据寄存器中读取结果的格式。如果 ADLAR 位为"1"，结果将是左对齐；如果 ADLAR 位为"0"（默认情况），结果将是右对齐。

（4）特殊功能 I/O 寄存器——SFIOR，见表 6-8。

表 6-8　SFIOR 寄存器

位	7	6	5	4	3	2	1	0
位名称	ADTS2	ADTS1	ADTS0	--	ACME	PUD	PSR2	PSR10
读写值	R/W	R/W	R/W	R/W	R/W	R/W	R/W	R/W
复位值	0	0	0	0	0	0	0	0

● 位 7..5——ADTS[2:0]：ADC 自动转换触发源选择

当 ADCSRA 寄存器中的 ADATE 为"1"，允许 ADC 工作在自动转换触发工作模式时，这 3 位的设置用于选择 ADC 的自动转换触发源，如表 6-9 所示。如果禁止了 ADC 的自动转换触发（ADATE 为"0"），这 3 个位的设置值将不起任何作用。

表 6-9 ADC 自动转换触发源的选择

ADTS[2:0]	触 发 源
000	连续自由转换
001	模拟比较器
010	外部中断 0
011	T/C0 比较匹配
100	T/C0 溢出
101	T/C1 比较匹配 B
110	T/C1 溢出
111	T/C1 输入捕捉

6.2 项目 8：5V 数字电压表设计

6.2.1 项目背景

在电子控制系统中，由传感器采集的信号通过一定的变送电路转换成处理器能够直接处理的电压信号，是普遍采用的方案之一，常见电测仪表如图 6-1 所示。本项目就使用单片机内部的 ADC 模块设计一款 5V 范围的直流电压测量装置。

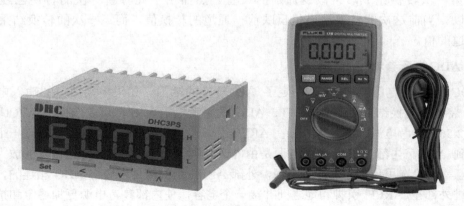

图 6-1 常见电测仪表

下面介绍使用 ADC 模块的几点原则。

1. 设置 ADC 模块转换的时钟

在通常情况下，ADC 的逐次比较转换电路要达到最大精度时，需要 50~200kHz 之间的采样时钟。在要求转换精度低于 10 位的情况下，ADC 的采样时钟可以高于 200kHz，以获得更高的采样率。如果单片机使用的晶振是 1MHz 的，要将晶振时钟 8 分频，分频后 ADC 频率为 125kHz，在 50~200kHz 范围内，能满足最大精度要求，在 8 分频的情况下，即时钟分频选择 ADPS[2:0]=3。

2. ADC 输入通道和参考电源的选择

寄存器 ADMUX 中的 MUXn 和 REFS1、REFS0 位实际上是一个缓冲器，该缓冲器与一个 MCU 可以随机读取的临时寄存器相连通。采用这种结构，保证了 ADC 输入通道和参考电源只能在 ADC 转换过程中的安全点被改变。在 ADC 转换开始前，通道和参考电源可以不断被更新，一旦转换开始，通道和参考电源将被锁定，并保持足够时间，以确保 ADC 转换的正常进行。在转换完成前的最后一个 ADC 时钟周期（ADCSRA 的 ADIF 位置"1"时），通道和参考电源又开始重新更新。注意，由于 AD 转换开始于置位 ADSC 后的第一个 ADC 时钟的上升沿，因此，在置位 ADSC 后的一个 ADC 时钟周期内不要将一个新的通道或参考电源写入到 ADMUX 寄存器中。改变差分输入通道时需特别当心。一旦确定了差分输入通道，增益放大器需要 125μs 的稳定时间。所以在选择了新的差分输入通道后的 125μs 内不要启动 AD 转换，或将这段时间内的转换结果丢弃。通过改变 ADMUX 中的 REFS1、REFS0 来更改参考电源后，第一次差分转换同样要遵循以上的时间处理过程。当要改变 ADC 输入通道时，应该遵守以下方式，以保证能够选择到正确的通道。

在单次转换模式下，总是在开始转换前改变通道设置。尽管输入通道改变发生在 ADSC 位被写入"1"后的 1 个 ADC 时钟周期内，然而，最简单的方法是等到转换完成后，再改变通道选择。

在连续转换模式下，总是在启动 ADC 开始第一次转换前改变通道设置。尽管输入通道改变发生在 ADSC 位被写入"1"后的 1 个 ADC 时钟周期内，然而，最简单的方法是等到第一次转换完成后再改变通道的设置。然而由于此时新一次的转换已经自动开始，所以，当前这次的转换结果仍反映前一通道的转换值，而下一次的转换结果将为新设置通道的值。

3. ADC 电压参考源

ADC 的参考电压（VREF）决定了 AD 转换的范围。如果单端通道的输入电压超过 VREF，将导致转换结果接近于 0x3FF。ADC 的参考电压 VREF 可以选择为 AVCC 或芯片内部的 2.56V 参考电源，或者为外接在 AREF 引脚上的参考电压源。AVCC 通过一个无源开关连接到 ADC。内部 2.56V 参考电源是由内部能隙参考源（VBC）通过内部的放大器产生的。注意，无论选用什么内部参考电源，外部 AREF 引脚都是直接与 ADC 相连的，因此，可以通过外部在 AREF 引脚和地之间并接一个电容，使内部参考电源更加稳定和抗噪。可以通过使用高阻电压表测量 AREF 引脚，来获得参考电源 VREF 的电压值。由于 VREF 是一个高阻源，因此，只有容性负载可以连接到该引脚。如果将一个外部固定的电压源连接到 AREF 引脚，那就不能使用任何的内部参考电源，否则就会使外部电压源短路。外部参考电源的范围应在 2.0V 到 AVCC-0.2V 之间。参考电源改变后的第一次 ADC 转换结果可能不太准确，建议抛弃该次转换结果。

4.ADC 转换结果

AD 转换结束后（ADIF = 1），在 ADC 数据寄存器（ADCL 和 ADCH）中可以取得转换的结果。对于单端输入的 AD 转换，其转换结果为

$$ADC =（VIN×1024）/ VREF$$

其中，VIN 表示选定的输入引脚上的电压，VREF 表示选定的参考电源的电压。0x000 表示输入引脚的电压为模拟地，0x3FF 表示输入引脚的电压为参考电压值减去一个 LSB。

5.AD 转换数据处理

数据处理就是把 AD 转换的数字量通过一定的方式还原成模拟量并在液晶 1602 上直观显示。处理的结果由分辨率、参考电压数值、AD 转换数字量决定。具体见项目软件设计环节。

6.2.2　项目方案设计

5V 直流数字电压表主要由单片机处理器、液晶显示器及一个模拟 0~5V 的待测未知量组成。ADC 引脚处理主要是根据单片机的 ADC 模块对参考电压的选择进而对 AREF 引脚的处理。液晶显示主要在 1602 第一行显示一定的提示信息，在第二行中间位置显示实测电压数值，保留两位小数。需要注意的是，如果做成实物，待测量和本项目一定要共地。项目方案框图如图 6-2 所示。

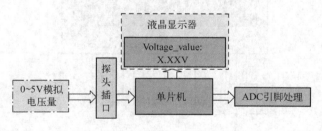

图 6-2　项目方案框图

6.2.3　项目硬件电路设计

（1）项目用单片机的 I/O 口分配。由于单片机的 ADC 输入接口与 PA 口是功能复用的，如果使用内部 ADC 模块后，一般剩余的其他 PA 引脚也不再作为 I/O 口使用。因此本项目的单片机 I/O 口分配如表 6-10 所示。

表 6-10　单片机 I/O 口分配

模拟电压输入端口 ADC0	液晶 1602 控制端口	液晶数据端口
PA0	RS—PB0，RW—PB1，E—PB2	PD0~PD7

（2）单片机的 ADC 模块 AVCC 与 AREF 引脚处理，如图 6-3 所示。

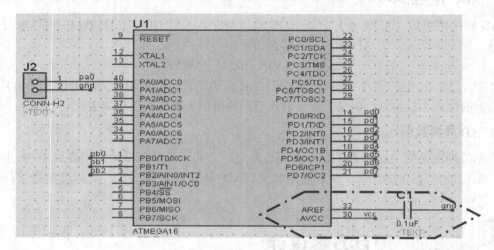

图 6-3　AVCC 与 AREF 引脚处理

项目使用 AVCC 上连接电压源 VCC 作为参考电压，根据任务知识与技能点介绍在 AREF 引脚需要连接一个 0.1μF 的电容接地。图 6-3 中 J2 为电压表外接探头接口。

（3）液晶显示电路设计，如图 6-4 所示。

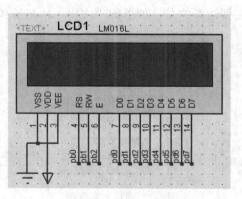

图 6-4　液晶显示电路

（4）模拟 0~5V 电压量输入，电路如图 6-5 所示。

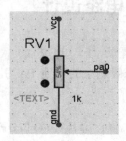

图 6-5　模拟输入电路

（5）项目总体电路如图 6-6 所示。

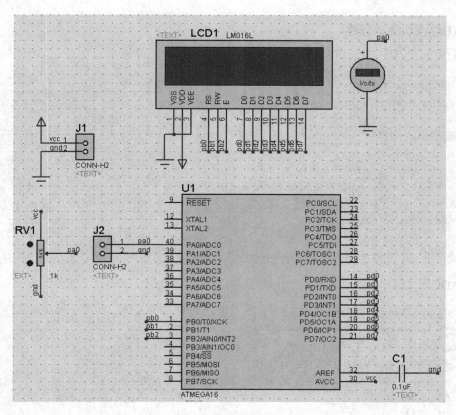

图 6-6 项目总体电路

 6.2.4 项目驱动软件设计

1. 项目程序架构

项目程序架构如图 6-7 所示。

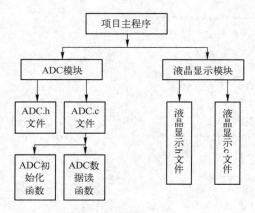

图 6-7 项目程序架构

2. ADC 模块驱动程序

1）ADC.h 文件

```
#ifndef ADC_H
#define ADC_H

#include"lm016.h"
//宏定义单次启动
#define adc_start ADCSRA|=(1<<ADSC)
//声明两个函数，ADC 模块初始化及读取 ADC 数据函数
void adc_sfr_init(void);
uint adc_value_get(void);

#endif
```

2）ADC.c 文件

```
#include"adc.h"
/**********************************
函数名称：ADC 模块初始化函数
函数功能：以 AVCC 电压为参考，PA0 为输入端
          使能 ADC 功能，ADC 时钟 125kHz，右对齐结果
入口参数：无
出口参数：无
设计者：淮安信息 YY
设计日期：2015 年 7 月 29 日
***********************************/
void adc_sfr_init(void)
{
  ADCSRA=0X00; //先关闭 ADC 功能
  ADMUX=0X40; //选择 AVCC 作为参考电压，PA0 输入
  ADCSRA=0X83;//使能 ADC，时钟为 125kHz 即分频系数为 8
}
/**********************************
函数名称：读取 ADC 转换数值函数
函数功能：读取 ADC 转换结果
入口参数：无
出口参数：uint 型 ADC 转换数字量
设计者：淮安信息 YY
设计日期：2015 年 7 月 29 日
***********************************/
uint adc_value_get(void)
{
  uint adc_value;
  adc_start;   //启动一次 AD 转换
  while(!(ADCSRA&(1<<ADIF)));//等待转换完成
  adc_value=(unsigned int)ADCL;//先读取低 8 位结果
```

```
adc_value|=((unsigned int)(ADCH&0x03))<<8;//再读取高 3 位结果，和低 8 位合成 uint 型数据
NOP();
return adc_value;
}
```

3. 液晶模块驱动程序

和前面液晶驱动一样，主要区别在于 ADC 转换的数据处理函数。处理方法是用 ADC 数字量乘以 0.004 882 812 5，然后强制转换成 uint 型数据再把数据拆开显示。

```
/********************************
函数名称：ADC 数据处理与液晶显示函数
函数功能：对 ADC 数字量进行处理并在指定位置显示
入口参数：ADC 转换结果数字量
出口参数：无
设计者：淮安信息 YY
设计日期：2015 年 7 月 29 日
********************************/
void lm016_display(uint number)
{
    float value_f;//定义单精度浮点型变量
    uint   value_n;//定义 uint 型变量
    uchar bai,shi,ge;//定义显示数字变量

    value_f=number*0.48828125;//(5/1024)×100，先把分辨精度数据乘 100，保留两位小数
    value_n=(uint)value_f;//强制转换成 uint 型数据，小数点后舍掉
    bai=value_n/100;      //取出百位、十位、个位的数据
    shi=value_n%100/10;
    ge=value_n%10;

    lm016_w_dat(tab[bai]);//显示
    lm016_w_dat('.');       //显示小数点
    lm016_w_dat(tab[shi]);//显示两位小数
    lm016_w_dat(tab[ge]);
    lm016_w_dat('V');       //显示单位 V
}
```

4. 主函数

```
#include"adc.h"

uchar tishi[]="Valtage_value:";
uint advalue;
/********************************
函数名称：主函数
函数功能：实现数字电压表的测量功能
入口参数：无
```

```
出口参数：无
设计者：淮安信息 YY
设计日期：2015 年 7 月 29 日
********************************/

void main(void)
{
 uchar i;
 lm016_io_init();
 lm016_set_init();
 adc_sfr_init();

 lm016_w_cmd(0x80+1); //以下 3 句为提示信息显示
 while(tishi[i]!='\0')
 lm016_w_dat(tishi[i++]);
 while(1)
 {
  advalue=adc_value_get();//读取 ADC 数字量
  lm016_w_cmd(0xc0+7); //指定显示位置
  lm016_display(advalue);//显示结果
 }
}
```

6.2.5 项目系统集成与调试

（1）新建工程，输入代码并保存，如图 6-8 所示。

图 6-8　新建工程，输入代码并保存

（2）编译选项设置，如图 6-9 所示。

图 6-9 编译选项设置

（3）工程编译，结果如图 6-10 所示。

```
C:\iccv7avr\bin\imakew -f VOLTAGE_MEASURE.mak
    iccavr -c -IG:\mega16单片机重点教材修订\项目8~1\数字电压表驱动\Headers -e -D
    iccavr -c -IG:\mega16单片机重点教材修订\项目8~1\数字电压表驱动\Headers -e -D
    iccavr -o VOLTAGE_MEASURE -g -e:0x4000 -ucrtatmega.o -bfunc_lit:0x54.0x4000
Device 8% full.
Done. Wed Jul 29 21:25:19 2015
```

图 6-10 工程编译结果

（4）单片机可执行文件加载，如图 6-11 所示。

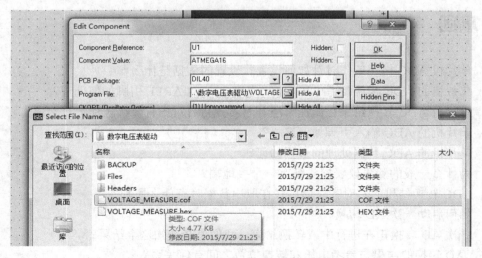

图 6-11 单片机可执行文件加载

（5）运行，结果如图 6-12 所示。

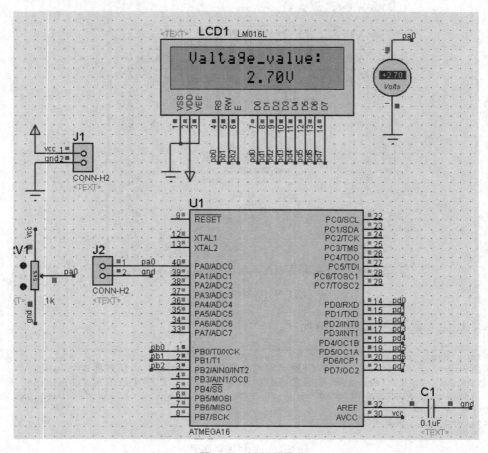

图 6-12　运行结果

知识巩固

1. 单片机 ADC 模块工作时钟如何设置？设置的依据是什么？

2. 单片机的 ADC 模块参考电压如何设置？对应的 AREF 引脚如何处理？

3. 单片机 ADC 转换结果存储在哪里？左对齐与右对齐有什么区别？

4. 单片机的 ADC 输入引脚如何选择？

5. 单片机的 ADC 数据处理的过程如何？

6. 为什么一般的测量仪表探头都有一个接地端？

7. ADC 转换结果的右对齐存储格式在取出数据时有什么原则？

8. 如何启动一次 AD 转换？

9. 一次 AD 转换正在进行中或转换结束，我们怎么获知这个结果？

10. AD 转换的结果与参考电压和转换位数之间有何关系？

拓展练习

1．把本项目的显示器换成数码管显示，并完成一样的功能。

2．请把本项目功能扩展为 8 路循环数据监测系统，显示器每 5s 更新，循环 8 路采集数据。

3．把本项目加入电源开关控制，并实现只有开关打开后系统才工作。

6.3 项目 9：智能光强检测与控制系统设计

6.3.1 项目背景

在现代农业工程应用中，如何借助电子技术提高生产效率、产品质量已经提升为国家战略。如图 6-13 所示是一个现代化农业种植大棚，在大棚种植技术中农作物对光强度的需求是一项重要控制参数。本项目采用光敏传感器对光强度进行检测，通过模拟自然环境下种植的农作物对光线的需求，设计一款光强自动闭环控制系统，控制大棚遮光布的展开程度。主要采用单片机的 ADC 模块对光敏传感器的电压进行 AD 转换，转换的结果对比一天的自然光线强度分级，并自动启停直流电机工作，控制大棚遮光布展开程度。

图 6-13 温室大棚及控制电路

本系统为全自动闭环控制系统，工作过程如下：

启动后，系统会根据设定的光强数值，自动收缩或展开大棚的遮光布，当光敏传感器检测到光强度低于设定值时，电机反转，遮光布在电机的作用下徐徐打开，大棚内光线逐步增强；当光敏传感器检测到大棚内光线合适时，电机停止；当光敏传感器检测到大棚内部光强度高于设定值时，电机正转，遮光布在电机的作用下徐徐收缩，直到设定的数值，电机停止。

本项目的技术核心还是 AD 模块的应用，下面对这部分内容加深学习。

尽管 AVR 内部集成了 10 位的 ADC，但是在实际应用中，要想真正实现 10 位精度比较稳定的 ADC 的话，并不像上一节中的例子那么简单，需要进一步从硬件、软件等方面进行综合的、细致的考虑。下面介绍在 ADC 设计应用中应该考虑的几个要点。

1．AVCC 的稳定性影响因素

AVCC 是提供给 ADC 工作的电源，如果 AVCC 不稳定，就会影响 ADC 的转换精度。如果系统电源通过一个 LC 滤波后再接入 AVCC，这样就能很好地抑制掉系统电源中的高频噪声，提高了 AVCC 的稳定性。另外，在要求比较高的场合使用 ADC 时，PA 口上的那些没被用作 ADC 输入的端口尽量不要作为数字 I/O 口使用。因为 PA 口的工作电源是由 AVCC 提供的，如果 PA 口上有比较大的电流波动，也会影响 AVCC 的稳定。

2．参考电压 VREF 的选择确定

在实际应用中，要根据输入测量电压的范围选择正确的参考电压 VREF，以求得到比较好的转换精度。ADC 的参考电压 VREF 还决定了 AD 转换的范围。如果单端通道的输入电压超过 VREF，将导致转换结果全部接近于 0x3FF，因此 ADC 的参考电压应稍大于模拟输入电压的最高值。ADC 的参考电压 VREF 可以选择为 AVCC，或芯片内部的 2.56V 参考源，或者为外接在 AREF 引脚上的参考电压源。外接参考电压应该稳定，并大于 2.0V（芯片的工作电压为 1.8V 时，外接参考电压应大于 1.0V）。要求比较高的场合，建议在 AREF 引脚外接标准参考电压源来作为 ADC 的参考电源。

3．ADC 通道带宽和输入阻抗

不管使用单端输入转换还是差分输入转换方式，所有模拟输入口的输入电压应在 AVCC～GND 之间。在单端 ADC 转换方式时，ADC 通道的输入频率带宽取决于 ADC 转换时钟频率。一次常规的 ADC 转换需要 13 个 ADC 时钟，当 ADC 转换时钟为 1MHz 时，1s 内 ADC 采样转换的次数约为 77K。根据采样定理，此时 ADC 通道的带宽为 38.5kHz。AVR 的 ADC 输入阻抗典型值为 100MΩ，为保证测量的准确，被测信号源的输出阻抗要尽可能低，应在 10kΩ以下。

4．ADC 采样时钟的选择

通常条件下，AVR 的 ADC 逐次比较电路要达到转换的最大精度，需要一个 50～200kHz 的采样时钟。一次正常的 ADC 转换过程需要 13 个采样时钟，假定 ADC 采样时钟为 200kHz，那么最高的采样速率为 200kHz/13=15.384kHz。因此根据采样定理，理论上被测模拟信号的最高频率为 7.7kHz。

5．模拟噪声的抑制

器件外部和内部的数字电路会产生电磁干扰，并会影响模拟测量的精度。如果 ADC 转换精度要求很高，可以采用以下的技术来降低噪声的影响：

（1）使模拟信号的通路尽可能短。模拟信号连线应从模拟地的布线盘上通过，并使它们尽可能远离高速开关数字信号线。

（2）AVR 的 AVCC 引脚应该通过 LC 网络与数字端电源 VCC 相连。

（3）采用 ADC 噪声抑制器功能来降低来自 MCU 内部的噪声。

（4）如果某些 ADC 引脚是作为通用数字输出口使用的，那么在 ADC 转换过程中，不要改变这些引脚的状态。

6．ADC 的校正

由于 AVR 内部 ADC 部分的放大器非线性等客观原因，ADC 的转换结果是有误差的。如果要获得高精度的 ADC 转换，还需要对 ADC 结果进行校正。

7．ADC 精度的提高

在有了上述几点保证后，通过软件的手段也能适当地提高 ADC 的精度，如采用多次测量取平均值、软件滤波算法等。

6.3.2 项目方案设计

光敏传感器通过处理电路的处理把光强度信号转换成单片机能够直接处理的电压信号，单片机通过 PA0 输入端对这个电压信号进行 AD 处理，转换成数字量。把一天中不同时间段的转换数字量归纳为 3 种不同等级，即光线低、光线中等、光线高在液晶显示器显示，同时把数字量同步显示，单片机再根据光线等级的不同控制电机正反转电路工作，使电机正转或反转，始终使温室大棚光线在合适的状态下。项目方案框图如图 6-14 所示。

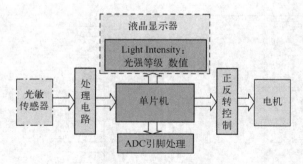

图 6-14 项目方案框图

6.3.3 项目硬件电路设计

（1）项目 I/O 引脚分配，如表 6-11 所示。

表 6-11 项目 I/O 引脚分配

传感器信号输入处理端口	液晶 1602 控制端口	液晶数据端口	电机正转	电机反转
PA0	RS—PB0，RW—PB1，E—PB2	PD0～PD7	PB3	PB4

（2）光敏传感器及处理电路如图 6-15 所示。

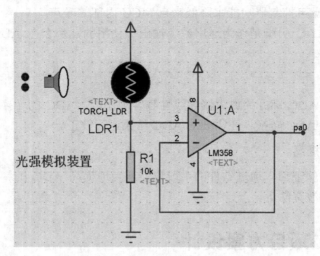

图 6-15　光敏传感器及处理电路

　　如图 6-15 所示，随着光线强度的变化，光敏传感器的阻值也会变化，把 10kΩ电阻与之串联，10kΩ电阻上的电压变化能反映环境光线强度的变化，根据集成运放的虚断特点，由运放组成的设计跟随器能很好保持传感器信号不失真，最后再通过运放的输出端接入单片机的 AD 输入端，进行 AD 转换。

　　（3）单片机 AD 引脚处理电路如图 6-16 所示。

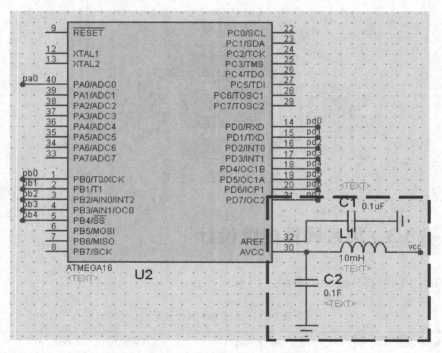

图 6-16　单片机 AD 引脚处理电路

（4）液晶显示电路如图 6-17 所示。

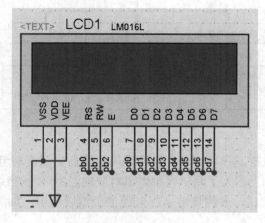

图 6-17 液晶显示电路

（5）电机正反转控制电路如图 6-18 所示。

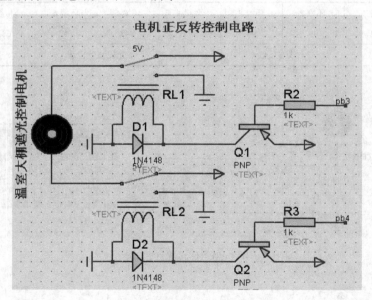

图 6-18 电机正反转控制电路

本电路运用两个继电器的组合，通过分别控制继电器的线圈吸合，就能达到控制直流电机正反转的目的。

 ### 6.3.4 项目驱动软件设计

1. 项目程序架构

项目程序架构如图 6-19 所示。

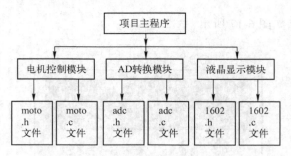

图 6-19　项目程序架构

　　项目控制程序由电机控制模块、AD 转换模块及液晶显示模块组成。可以分模块单独调试，在上一个项目的基础上，为了测试光敏电阻对应的温室环境光线强度并划分等级，可先进行 AD 与显示模块的调试，并测量出 AD 转换的数据以备用，如图 6-20～图 6-27 所示。数据归纳如表 6-12 所示。

表 6-12　数据归纳

环　境	环境 1	环境 2	环境 3	环境 4	环境 5	环境 6	环境 7	环境 8
AD 值	12	49	94	171	342	512	683	824
等级划分	光线强度低				光线强度合适		光线强度高	

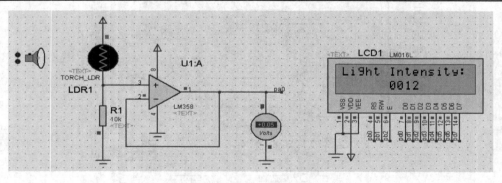

图 6-20　环境光线最暗

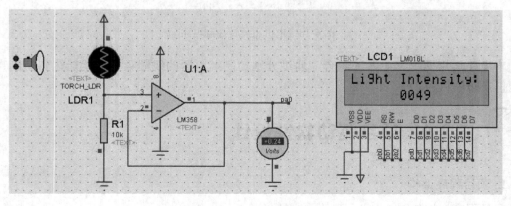

图 6-21　环境光线增强 1

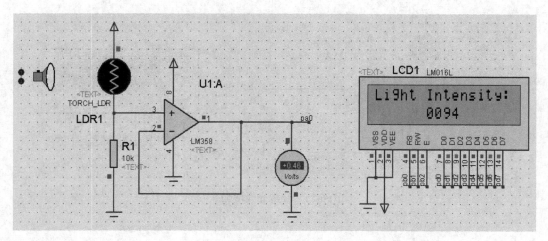

图 6-22 环境光线增强 2

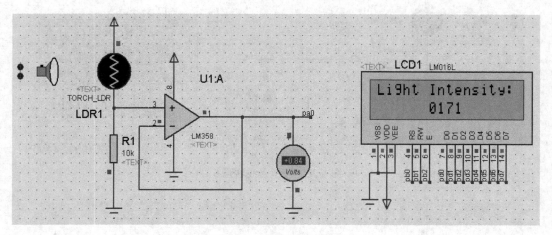

图 6-23 环境光线增强 3

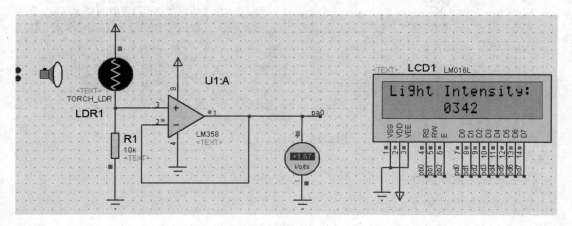

图 6-24 环境光线增强 4

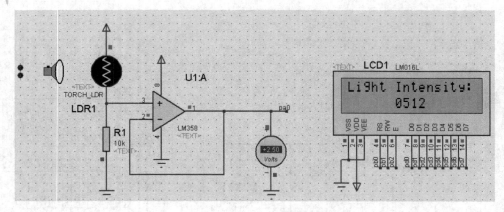

图 6-25　环境光线增强 5

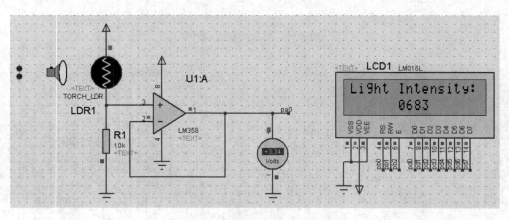

图 6-26　环境光线增强 6

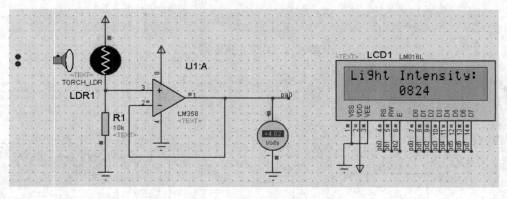

图 6-27　环境光线最强

2. 电机控制程序设计

电机 moto.h 文件如下：

```
#ifndef MOTO_H
#define MOTO_H
```

```
#include"lm016.h"
//定义电机正反转与停止的宏
#define moto_forward_rotation PORTB&=~(1<<PB3)
#define moto_forward_rotation_stop PORTB|=(1<<PB3)
#define moto_reversal_rotation PORTB&=~(1<<PB4)
#define moto_reversal_rotation_stop PORTB|=(1<<PB4)
//函数声明
void moto_io_init(void);

#endif
```

电机 moto.c 文件如下：

```
#include"moto.h"
/*********************************
函数名称：直流电机 I/O 引脚初始化函数
函数功能：继电器不动作，电机停止
入口参数：无
出口参数：无
设计者：淮安信息 YY
设计日期：2015 年 7 月 30 日
*********************************/
void moto_io_init(void)
{
  PORTB|=(1<<PB4);
  DDRB|=(1<<PB4);

  PORTB|=(1<<PB3);
  DDRB|=(1<<PB3);
}
```

3．AD 转换程序设计

与上一项目相同，此处略。

4．液晶显示程序设计

与上一项目相比增加了 3 个子函数，代码分别如下：

```
/*********************************
函数名称：光线强度等级低显示函数
函数功能：显示 Light_low
入口参数：无
出口参数：无
设计者：淮安信息 YY
设计日期：2015 年 7 月 30 日
*********************************/
void lm016_display1(void)
```

```
{
  lm016_w_dat('L');
  lm016_w_dat('i');
  lm016_w_dat('g');
  lm016_w_dat('h');
  lm016_w_dat('t');
  lm016_w_dat('_');
  lm016_w_dat('L');
  lm016_w_dat('o');
  lm016_w_dat('w');
}
/*********************************
函数名称：光线强度等级中等显示函数
函数功能：显示 Light_Mid
入口参数：无
出口参数：无
设计者：淮安信息 YY
设计日期：2015 年 7 月 30 日
*********************************/
void lm016_display2(void)
{
  lm016_w_dat('L');
  lm016_w_dat('i');
  lm016_w_dat('g');
  lm016_w_dat('h');
  lm016_w_dat('t');
  lm016_w_dat('_');
  lm016_w_dat('M');
  lm016_w_dat('i');
  lm016_w_dat('d');
}
/*********************************
函数名称：光线强度等级高显示函数
函数功能：显示 Light_Hig
入口参数：无
出口参数：无
设计者：淮安信息 YY
设计日期：2015 年 7 月 30 日
*********************************/
void lm016_display3(void)
{
  lm016_w_dat('L');
  lm016_w_dat('i');
  lm016_w_dat('g');
  lm016_w_dat('h');
  lm016_w_dat('t');
  lm016_w_dat('_');
```

```
        lm016_w_dat('H');
        lm016_w_dat('i');
        lm016_w_dat('g');
    }
```

5. 项目主程序工作流程

项目主程序工作流程如图 6-28 所示。

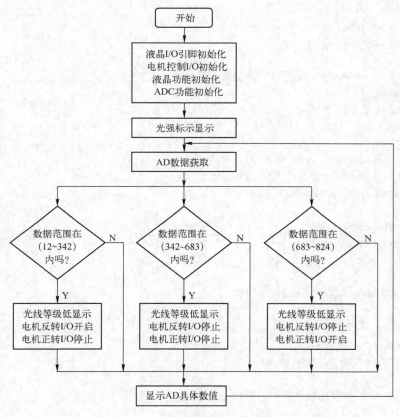

图 6-28　项目主程序工作流程

主程序代码如下：

```
#include"adc.h"
#include"lm016.h"
#include"moto.h"

uchar tishi[]="Light Intensity:";
uint advalue;
/******************************
函数名称：主函数
函数功能：实现光线强度检测与自动控制
入口参数：无
出口参数：无
```

```
设计者：淮安信息 YY
设计日期：2015 年 7 月 23 日
***********************************/

void main(void)
{
 uchar i=0;
 lm016_io_init();
 moto_io_init();
 lm016_set_init();
 adc_sfr_init();

 lm016_w_cmd(0x80); //以下 3 句为提示信息显示
 while(tishi[i]!='\0')
 lm016_w_dat(tishi[i++]);
 while(1)
 {
  advalue=adc_value_get();//读取 ADC 数字量
  lm016_w_cmd(0xc0+1);      //指定显示位置
  if((advalue<342)&(advalue>=12))
  {
   lm016_display1();
   moto_forward_rotation;
   moto_reversal_rotation_stop;
  }
   if((advalue>683)&(advalue<=824))
  {
   lm016_display3();
   moto_reversal_rotation;
   moto_forward_rotation_stop;
  }
  if((advalue<=683)&(advalue>=342))
  {
   lm016_display2();
   moto_forward_rotation_stop;
   moto_reversal_rotation_stop;
  }
  lm016_w_cmd(0xc0+11);
  lm016_display(advalue);//显示结果
 }
}
```

6.3.5　项目系统集成与调试

（1）新建工程，输入代码并保存，如图 6-29 所示。

图 6-29　新建工程，输入代码并保存

（2）工程编译选项设置，如图 6-30 所示。

图 6-30　工程编译选项设置

（3）项目编译，结果如图 6-31 所示。

```
C:\iccv7avr\bin\imakew -f LIGHT_CONTROL.mak
    iccavr -c -IG:\mega16单片机重点教材修订\项目9~1\温室大棚光强驱动\Headers -e
    iccavr -c -IG:\mega16单片机重点教材修订\项目9~1\温室大棚光强驱动\Headers -e
    iccavr -o LIGHT_CONTROL -g -e:0x4000 -ucrtatmega.o -bfunc_lit:0x54.0x4000 -
Device 6% full.
Done. Thu Jul 30 11:20:36 2015
```

图 6-31　项目编译结果

（4）可执行文件加载，如图 6-32 所示。

图 6-32　可执行文件加载

（5）光线强度低运行效果如图 6-33 所示。

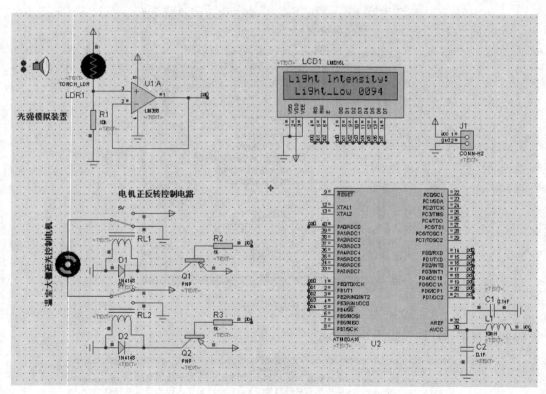

图 6-33　光线强度低运行效果

（6）光线强度适中运行效果如图 6-34 所示。

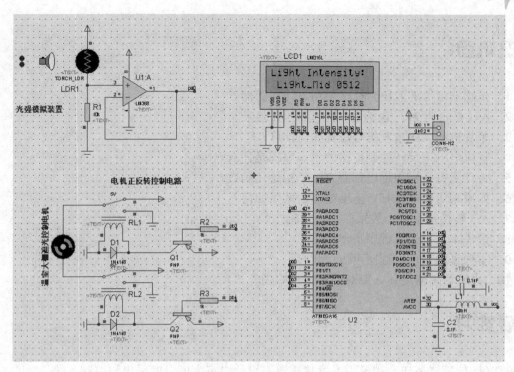

图 6-34　光线强度适中运行效果

（7）光线强度高运行效果如图 6-35 所示。

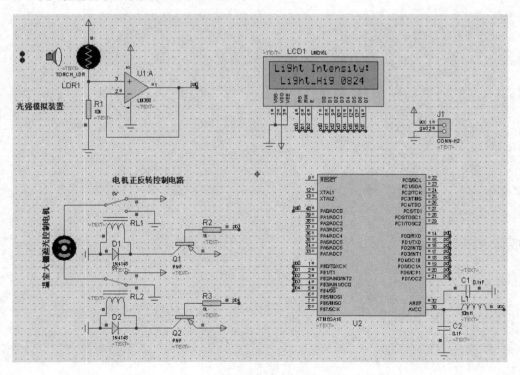

图 6-35　光线强度高运行效果

知识巩固

1. 传感器信号的取出为什么要用设计跟随器？
2. AVCC 加电感、电容元件能起到什么效果？
3. 单片机的 AD 输入信号带宽如何计算？
4. 直流电机正反转控制电路的工作原理是什么？
5. 为什么每个模块程序都要有一个初始化函数？
6. 如果采用内部 2.45V 基准电源则效果如何？
7. AD 转换抗干扰一般采取什么措施？
8. 说说本项目的主程序工作流程。
9. 本项目的显示子程序可以优化吗？
10. 光敏传感器为什么要对比环境来归纳？

拓展练习

把光敏传感器换成一种模拟温度传感器，设计温室大棚温度采集与控制系统。

单片机 I²C（TWI）总线开发

7.1　I²C 总线使用概述与目标要求

7.1.1　任务教学目标

◆ 了解 I²C 总线协议；
◆ 能看懂 I²C 总线的子函数实现其协议的过程；
◆ 理解单片机硬件 TWI 协议；
◆ 会使用单片机硬件 TWI；
◆ 能看懂 DS1621 的操作过程；
◆ 会运用单片机任意引脚模拟 I²C 协议设计一款多点温度测量系统；
◆ 会运用单片机 TWI 功能实现多点温度测量系统设计。

7.1.2　教学目标知识与技能点介绍

1．I²C 总线概述

在现代电子系统中，有为数众多的 IC 需要进行相互之间以及与外界的通信。为了提供硬件的效率和简化电路的设计，PHILIPS 开发了一种用于内部 IC 控制的简单双向两线串行总线 I²C。

I²C 总线支持任何一种 IC 制造工艺，并且 PHILIPS 和其他厂商提供了种类非常丰富的 I²C 兼容芯片。作为一个专利的控制总线，I²C 已经成为世界性的工业标准。每个器件都有一个唯一的地址，而且可以是单接收的器件或者是可以接收也可以发送的器件。发送器或接收器可以在主模式或从模式下操作，这取决于芯片是否必须启动数据的传输还是仅仅被寻址。I²C 是一个多主总线，即它可以由多个连接的器件控制。

基本的 I²C 总线规范于 30 多年前发布，其数据传输速率最高为 100Kbps，采用 7 位寻址。但是由于数据传输速率和应用功能的迅速增加，I²C 总线也增强为快速模式（400Kbps）和 10 位寻址，以满足更高速度和更大寻址空间的需求。I²C 总线始终和先进技术保持同步，但仍然保持其向下兼容性，并且最近还增加了高速模式，其速率可达

3.4Mbps。它使得 I^2C 总线能够支持现有以及将来的高速串行传输应用，如 EEPROM 和 Flash 存储器。

I^2C 总线主要特点有：

● 二线制；

● 支持多主控；

● 位速率 100Kbps～3.4Mbps。

2. I^2C 总线的使用

使用 I^2C 总线时要关注以下主要术语：主机（主控器）、从机（被控器）、地址、发送器、接收器、SDA（Serial Data）和 SCL（Serial Clock）等。

● 主机：启动和停止传输的设备。主机同时要产生 SCL 时钟。

● 从机：被主机寻址的设备。

● 发送器：将数据放到总线上的设备。

● 接收器：从总线读取数据的设备。

1）I^2C 总线的连接

I^2C 总线只使用两条线：串行数据线（SDA）用于数据传送，串行时钟线（SCL）用于指示什么时候数据线上是有效的数据。微处理器可以以主控器和受控器方式连接到 I^2C 总线上的 SDA 和 SCL 线上。总线设计成多主控器总线结构。I^2C 总线的典型连接如图 7-1 所示。

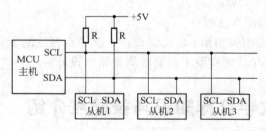

图 7-1　I^2C 总线的典型连接

I^2C 总线不规定使用电压的高低以便双极电路或 MOS 电路都能接到总线上。所有总线信号使用开放集电极/开放漏极电路。

一个上拉电阻保持信号的默认状态为高电平，当 0 被传输时，每一条总线的晶体管用于下拉该信号。开放集电极/开放漏极信号允许一些设备同时写总线而不引起电路故障。

当总线空闲时，SCL 和 SDA 都保持高电位。当一个主控设备在传输时必须监听总线状态以确保报文之间不互相影响，如果设备收到了不同于它要传送的值时，它知道报文之间发生相互影响了。

2）I^2C 总线的信号

I^2C 总线上的信号由一个开始信号启动，以一个结束信号完成。开始（Start）或重新开始（ReStart）信号通过保留 SCL 为高电平并且 SDA 上发送 1 到 0 的转换产生；结束（Stop）信号通过保留 SCL 为高电平并且 SDA 上发送 0 到 1 的转换产生，如图 7-2 所示。需要注意的是：开始是必需的，应答和结束信号可以不要。

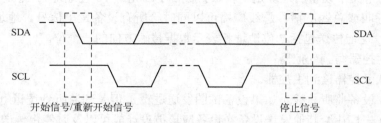

图 7-2   开始/重新开始/停止信号

当 SCL 为高电位 SDA 变低时传送开始。

这个开始状态之后，时钟信号变低来启动数据传送。在每一个数据位，时钟位在确保数据位正确时变高电平。在每一个 8 位数据的结尾发送一个确认信号，而不管它是地址还是数据。

在确认时，发送器释放 SDA，即将 SDA 设置为高电平，此时若接收器在规定的时间内将 SDA 线拉低，则视为接收器发送了应答信号，否则视为发送了非应答信号，如图 7-3 所示。

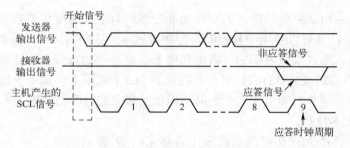

图 7-3   I^{2}C 总线的确认信号

确认信号后，当 SCL 处于高电平时 SDA 从低变为高，指示数据传送停止。

I^{2}C 总线的数据传输如图 7-4 所示。

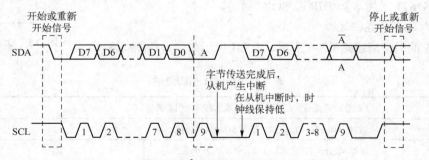

图 7-4   I^{2}C 总线的数据传输

3）I^{2}C 设备的地址

每一个 I^{2}C 设备都有自己的地址，设备的地址是由系统设计者决定的，通常是 I^{2}C 驱动程序的一部分。必须保证任何两个设备之间的地址都不相同。

标准的 I^2C 定义中设备的地址是 7 位（扩展的 I^2C 允许 10 位地址）。地址 0000000 一般用于发出通用呼叫或总线广播，总线广播可以同时给所有设备发出信号。地址 11110xx 为 10 位地址保留。地址传送包括 7 位地址和表示数据传输方向的一个位。

- 0 代表主控器写到受控器；
- 1 代表从受控器读到主控器。

在发送时，设备监听总线。如果设备试图发送逻辑 1 但是却监听到逻辑 0，它立即停止传送，并且把优先权让给其他发送设备（设备应该被设计成可以及时停止传送来允许有效位被发送）。在许多情况下，仲裁在传送地址部分时完成，但也可以在数据部分继续。如果两个设备都试图向同一个地址发送同样数据，那么它们之间不会互相影响且最后都会成功发送报文。

I^2C 总线寻址约定如下：

- 起始信号后的第一个字节为寻址字节；
- 寻址字节由被控器的 7 位地址位和 1 位方向位组成；
- 任意两个从机的地址都不相同。

3．数字温度传感器 DS1621 及其应用

DS1621 是 DALLAS 公司生产的一种功能较强的数字式温度传感器和恒温控制器。接口与 I^2C 总线兼容，且可以使用一片控制器控制多达 8 片的 DS1621。其数字温度输出达 9 位，精度为 0.5℃。通过读取内部的计数值和用于温度补偿的每摄氏度计数值，利用公式计算还可提高温度值的精度。DS1621 可工作在最低 2.7 V 电压下，适用于低功耗应用系统。利用 DS1621 和一片单片机即可构成一个简洁但功能强大的温度测量控制系统。

1）DS1621 基本特性

DS1621 无须外围元件即可测量温度，将结果以 9 位数字量（两字节传输）给出，测量范围为−55～+125℃，精度为 0.5℃；典型转换时间为 1s；用户可自行设置恒温计的温度值，且将该设置值存储在非易失存储器中。数据的读出和写入通过一个 I^2C 总线接口完成，DS1621 采用 8 脚 DIP 或 SOIC 封装。

2）引脚及其功能描述

DS1621 的引脚描述如图 7-5 所示。表 7-1 所示为引脚功能描述。

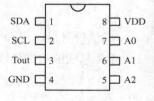

图 7-5　DS1621 引脚

表 7-1　DS1621 引脚描述

SDA	I^2C 总线数据引脚，所有指令、数据都从此引脚传输
SCL	时钟引脚，由主机产生，配合 SDA 数据传输
Tout	恒温输出标志，超温输出 1、低温输出 0
GND	接地端
A2	片选地址
A1	片选地址
A0	片选地址
VDD	电源端

3）DS1621 的工作方式

DS1621 既可独立工作（此时作为恒温控制器），也可通过 2—线接口在单片机的控制下完成温度的测量和计算。DS1621 的工作方式是由片上的设置／状态寄存器来决定的，该寄存器的定义如表 7-2 所示。

表 7-2　寄存器定义

DONE	THF	TLF	NVB	1	0	POL	1SHOT

其中 DONE 为转换完成位，温度转换结束时置 1，正在进行转换时为 0；THF 为高温标志位，当温度超过 TH 预置值时置 1；TLF 为低温标志位，当温度低于 TL 预置值时置 1；NVB 为非易失存储器忙位，向片内 EEPROM 写入时置 1，写入结束后复位，写入 EEPROM 通常需要 10ms；POL 为输出极性位，为 1 时激活状态为逻辑高电平，为 0 时激活状态为逻辑低电平，该位是非易失的；1SHOT 为一次模式位，该位为 1 时每次收到开始转换命令执行一次温度转换，为 0 时执行连续温度转换，该位也是非易失的。

DS1621 在嵌入一个系统前，需由处理器将设置/状态寄存器值通过 2—线接口写入该寄存器，之后 DS1621 或作为恒温计独立工作，或在处理器控制下进行温度测量和计算。处理器对 DS1621 的控制和写入是通过 2—线接口进行数据传输的，处理器对 DS1621 发出命令字，之后完成对 DS1621 的读或写。由于数据传输协议满足 I²C 总线规范，处理器可将 DS1621 作为具有 I²C 总线接口的从器件对待，器件地址为 1001A2A1A0R/W，通过 A2A1A0 编码，一次可控制最多 8 片 DS1621，完成 8 点温度采样。写入和读出数据格式及时序完成按串行通信接口规范，SCL 和 SDA 线满足串口通信启动条件，处理器发出器件地址字节，其中 R/W 决定读/写方向。处理器发出 DS1621 的命令字，DS1621 发出 ACK 信号，之后为从器件的数据字节，主器件的 ACK 信号……最后为串口通信结束条件，完成一次数据通信。

DS1621 的命令集包含下述 8 个命令字：

● 读温度命令——AAH

该命令读出最近一次温度转换的结果。DS1621 将送出两字节数据：第一字节为 8 位二进制温度值（摄氏温度），该数据以二进制补码形式给出，其中最高位为温度符号位（0 为高于 0℃，1 为低于 0℃），第二字节最高位为精度位（0 为 0.0℃，1 为 0.5℃），其余位不用。

● 读/写 TH 寄存器命令——A1H

若 R/W 为 0，该命令写入高温寄存器 TH，之后处理器发出两字节温度上限值以确定 DS1621 的恒温上限；若 R/W 为 1，DS1621 送出两字节的 TH 寄存器值。

● 读/写 TL 寄存器命令——A2H

若 R/W 为 0，该命令写入低温寄存器 TL，之后处理器发出两字节温度下限值以确定 DS1621 的恒温下限；若 R/W 为 1，DS1621 送出两字节的 TL 寄存器值。

● 读写设置命令——ACH

若 R/W 为 0，该命令写入设置/状态寄存器，之后处理器发出一字节设置/状态寄存器值以确定定时 DS1621 的工作方式；若 R/W 为 1，DS1621 送出设置/状态寄存器值。

● 读计数器命令——A8H

该命令只在 R/W 为 1 时有效，发出命令后，DS1621 送出计数器计数值 COUNT_REMAIN。

● 读斜率命令——A9H

该命令只在 R/W 为 1 时有效，发出命令后，DS1621 送出用于温度补偿的斜率计数器值，即前面提到的每摄氏度计数值 COUNT_RER 栈。

● 开始温度转换命令——EEH

该命令启动温度转换，无须更多数据。在一次工作方式下，该命令启动转换，DS1621 完成之后保持空闲；在连续工作方式下，该命令启动 DS1621 连续进行温度转换。

● 结束温度转换命令——22H

该命令结束温度转换，无须更多数据。在连续工作方式下，该命令停止 DS1621 的温度转换，之后 DS1621 保持空闲直到处理器发出新的开始温度转换命令来继续温度转换。

通过该命令集可以看出，DS1621 既可以作为独立的恒温控制器单独工作（利用命令 A1H、A2H、ACH），也可以进行实时的温度测量（利用命令 AAH、ACH、EEH、22H，精度为 0.5℃），还可配合命令 A8H、A9H，通过软件计算得到更高的温度精度，计算公式为

$$T=TR-0.25+[(N-M)/N]$$

式中，TR 为读出温度值，N 为计数器计数值 COUNT_RER_C，M 为每摄氏度计数值 COUNT_REMAIN。

4. 单片机 TWI 总线应用

AVR 单片机提供了实现标准两线串行总线通信 TWI（兼容 I^2C 总线）硬件接口。其主要性能和特点有：

● 简单但是强大而灵活的串行通信接口，只需要两根线；
● 支持主机和从机操作；
● 器件可以作为发送器，也可以作为接收器；
● 7 位地址空间，最大允许有 128 个从机；
● 支持多主机模式；
● 最高可达 400Kbps 的数据传输率；
● 全可编程的从机地址
● 地址监听中断可以将 AVR 单片机从休眠状态唤醒。

AVR 的 TWI 是支持 I^2C 通信的硬件接口，使用硬件接口的优点是可以直接使用硬件接口完成 I^2C 通信，而不必使用 I/O 口模拟 I^2C 的时序，比软件模拟要简单，代码短，效率高。

AVR 的 TWI 模块由总线接口单元、比特率发生器、地址匹配单元和控制单元等模块构成。

● SDA 和 SCL 引脚

SDA 和 SCL 是 AVR 单片机 TWI 接口的引脚。引脚的输出驱动器包含一个波形斜

率限制器，以满足 TWI 规范；引脚的输入部分包含尖峰抑制单元，以去除小于 50ns 的毛刺。

● 波特率发生器

TWI 工作在主控器模式时，该控制单元产生 TWI 时钟信号，并驱动时钟线 SCL。

● 总线接口单元

这个单元包括：数据和地址移位寄存器、起始/停止信号控制和总线仲裁判定的硬件电路。

● 地址匹配单元

地址匹配单元将检测总线上接收到的地址是否与 TWAR 寄存器中的 7 位地址相匹配。如果匹配成功，将通知控制单元转入适当的操作状态。TWI 可以响应，也可以不响应主控器对其的寻址访问。

● 控制单元

控制单元监听 TWI 总线，并根据 TWI 控制寄存器的设置作出相应的响应。

当在 TWI 总线上产生需要应用程序干预处理的事件时，先对 TWI 的中断标志位 TWINT 进行相应设置，在下一个时钟周期时，将表示这个事件的状态字写入 TWI 状态寄存器 TWSR 中。在其他情况下，TWSR 中的内容为一个表示无事件发生的状态字。一旦 TWINT 标志位置 1，就会将时钟线 SCL 拉低，暂停 TWI 总线上的传送，让用户程序处理事件。

在下列事件出现时，TWINT 标志位设为 "1"：

● 在 TWI 传送完一个起始或再次起始（START/RESTART）信号后；
● 在 TWI 传送完一个主控器寻址读/写（SLA+R/W）数据后；
● 在 TWI 传送完一个地址字节后；
● 在 TWI 丢失总线控制权后；
● 在 TWI 被主控器寻址（地址匹配成功）后；
● 在 TWI 接收到一个数据字节后；
● 在作为被控器时，TWI 接收到停止或再次起始信号后；
● 由于非法的起始或停止信号造成总线上的冲突出错时。

5. TWI 寄存器

（1）波特率寄存器 TWBR，如表 7-3 所示。

表 7-3 TWBR 寄存器

位	7	6	5	4	3	2	1	0
位名称	TWBR7	TWBR6	TWBR5	TWBR4	TWBR3	TWBR2	TWBR1	TWBR0
读/写	R/W	R/W	R/W	R/W	R/W	R/W	R/W	R/W
初始值	0	0	0	0	0	0	0	0

TWBR 寄存器用于设置波特率发生器的分频因子，波特率发生器是一个频率分频器，当工作在主控器模式下，它产生和提供 SCL 引脚上的时钟信号。

SCL 的频率设置由 TWBR 寄存器的数值、CPU 晶振数值与 TWCR 的最后两位

TWPS1/TWPS0 决定。计算公式如下：

SCL 频率=CPU 晶振/(16+2×TWBR 数值×预分频因子)

（2）控制寄存器 TWCR，如表 7-4 所示。

表 7-4　TWCR 寄存器

位	7	6	5	4	3	2	1	0
位名称	TWINT	TWEA	TWSTA	TWSTO	TWWC	TWEN	—	TWIE
读/写	R/W	R/W	R/W	R/W	R/W	R/W	R/W	R/W
初始值	0	0	0	0	0	0	0	0

TWCR 用来控制 TWI 操作，如使能 TWI 接口；在总线上加起始和终止信号；产生 ACK 应答等。

● 位 7——TWINT：TWI 中断标志位

当 TWI 接口完成当前工作并期待应用程序响应时，该位被置位。如果全局中断控制位和 TWCR 寄存器中的 TWIE 位都置位，则 MCU 将跳到 TWI 中断向量处。一旦 TWINT 标志位被置位，时钟线 SCL 将被拉低。在执行中断服务程序时，TWINT 标志位不会由硬件自动清零，必须通过软件将该位写为"1"来清零，清零 TWINT 标志位将开始 TWI 接口的操作，因此对 TWI 寄存器 TWAR、TWI 状态寄存器 TWSR、TWI 数据寄存器 TWDR 的访问，必须在清零 TWINT 标志位前完成。

● 位 6——TWEA：TWI 应答（ACK）允许位

TWEA 位控制应答 ACK 信号的发生。如果 TWEA 位置 1，则在器件作为主控接收器接收到一个数据字节时， ACK 脉冲将在 TWI 总线上发生。如果清零 TWEA 位，将使器件暂时虚拟地脱离 TWI 总线。

● 位 5——TWSTA：TWI 起始（START）信号状态位

当要将器件设置为串行总线上的主控器时，须设置 TWSTA 位为 1，TWI 接口硬件将检查总线是否空闲。如果总线空闲，将在总线上发送一个起始信号；如果总线不空闲，则 TWI 将等待总线上一个停止信号被检测后，再发出一个新的起始信号，以获得总线的控制权而成为主控器。当起始信号发出后，硬件将自动清零 TWSTA 位。

● 位 4——TWSTO：TWI 停止（STOP——信号状态位）

当芯片工作在主控模式时，设置 TWSTO 位为 1，将在总线上产生一个终止信号。当终止信号发出后，TWSTO 位将被自动清零。

● 位 3——TWWC：TWI 写冲突标志位

当 TWINT 为 0 时，试图向 TWI 写数据，TWWC 位将被置 1；当 TWINT 位为 1，写数据时，TWWC 由硬件自动清零。

● 位 2——TWEN：TWI 允许位

TWEN 用于使能 TWI 接口操作和激活 TWI 接口。该位置 1，则 TWI 接口模块将 I/O 引脚 PC0、PC1 转换为 SCL 和 SDA 引脚。如果该位清零，则 TWI 模块将被关闭，所有 TWI 传输将被终止，PC0、PC1 转换为普通 I/O 引脚。

● 位 1——保留位

读出总为 0。

● 位 0——TWIE：TWI 中断使能位

当该位为 1，并且全局终端也使能时，只要 TWINT 标志为 1，TWI 中断请求就使能。

（3）状态寄存器 TWSR，如表 7-5 所示。

表 7-5　TWSR 寄存器

位	7	6	5	4	3	2	1	0
位名称	TWS7	TWS6	TWS5	TWS4	TWS3	—	TWPS1	TWPS0
读/写	R	R	R	R	R	R	R/W	R/W
初始值	1	1	1	1	1	0	0	0

● 位 7..3——TWS[7:3]：TWI 状态位

这 5 位反映了 TWI 逻辑状态和 TWI 总线的状态。不同的状态码表示不同的操作状态，具体可查询数据手册获得。注意，从 TWSR 寄存器中读取的值包括了 5 位状态值和 2 位预分频值。因此，在检查状态位时，应该将预分频器位屏蔽，使状态检验与预分频器无关。

状态码 1：START 已发送--0x08

状态码 2：REPETED START 已发送----------------------------0x10

状态码 3：MT 模式下发送 Sla+W，接收到 ACK------------0x18

状态码 4：MT 模式下发送数据，接收到 ACK---------------0x28

状态码 5：MR 模式下发送 Sla+R，接收到 ACK-------------0x40

状态码 6：MR 模式下接收到数据，ACK 已返回------------0x50

状态码 7：MR 模式下接收到数据，Not ACK 已返回-------0x58

● 位 2——保留

读出始终为 0。

● 位 1..0——TWPS[1:0]：TWI 预分频器位

这些位能读能写，用于设置波特率的预分频率，如表 7-6 所示。

表 7-6　TWI 预分频器位

TWPS1	TWPS0	预分频器值
0	0	1
0	1	4
1	0	16
1	1	64

（4）数据寄存器 TWDR，如表 7-7 所示。

表 7-7　TWDR 寄存器

位	7	6	5	4	3	2	1	0
位名称	TWD7	TWD6	TWD5	TWD4	TWD3	TWD2	TWD1	TWD0
读/写	R	R	R	R	R	R	R/W	R/W
初始值	1	1	1	1	1	1	1	1

在发送模式下，TWDR 寄存器的内容为下一个要传送的字节；在接收模式下，TWDR 寄存器的内容为最后接收的字节。当 TWI 不处在字节移位操作过程时，该寄存器可以被读/

写，即当 TWI 中断标志位置位时，该寄存器可以被写入。在第一次 TWI 中断发生前，数据寄存器不能由用户初始化。

7.2　项目 10：基于 DS1621 多点测温控制系统设计——基于单片机模拟 I²C 总线实现

7.2.1　项目背景

农业蘑菇种植大棚中，对环境的温度要求很高，需要实时监测大棚内部不同区域的温度，本项目采用具有 I²C 总线协议的数字温度传感器 DS1621 采集一个蘑菇大棚内的两点温度，由单片机控制普通 I/O 口模拟 I²C 协议实现，液晶 1602 显示，实时监测温度数值。蘑菇大棚及温度测控设备如图 7-6 所示。

图 7-6　蘑菇大棚及温度测控设备

7.2.2　项目方案设计

本项目使用单片机的任意两个引脚模拟成 I²C 总线的 SCL、SDA，在这个模拟的 I²C 总线上接入具有 I²C 总线协议的数字温度传感器 DS1621 采集两个不同地点的温度数据，并经过单片机处理后，送到 1602 液晶显示器显示出来，如图 7-7 所示。

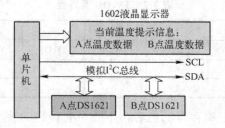

图 7-7　项目方案框图

7.2.3 项目硬件电路设计

（1）项目单片机 I/O 引脚分配，如表 7-8 所示。

表 7-8 单片机 I/O 引脚分配

液晶 1602 的控制端	液晶 1602 数据端	模拟的 I²C 总线
RS—PB0，RW—PB1，E—PB2	PD0～PD7	SCL—PB3，SDA—PB4

（2）显示电路设计，如图 7-8 所示。

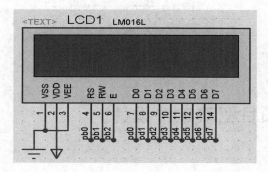

图 7-8 显示电路

（3）模拟 I²C 总线电路，如图 7-9 所示。

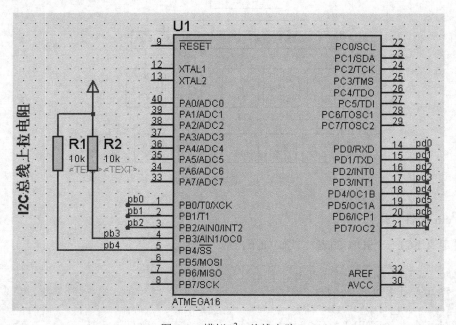

图 7-9 模拟 I²C 总线电路

（4）DS1621 电路如图 7-10 所示。

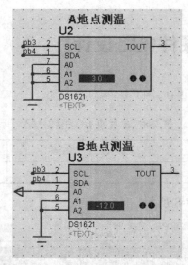

图 7-10   DS1621 电路

 7.2.4   项目驱动软件设计

1. 项目程序架构

项目程序架构如图 7-11 所示。

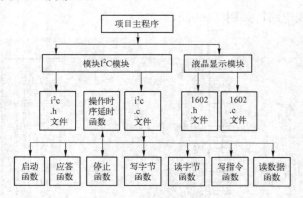

图 7-11   项目程序架构

2. i²c.h 文件

主要定义 SCL 与 SDA 的宏，代码如下：

```
#define scl_0 DDRB|=(1<<PB3)
#define scl_1 DDRB&=~(1<<PB3)
#define sda_0 DDRB|=(1<<PB4)
#define sda_1 DDRB&=~(1<<PB4)
```

在 I²C 总线初始化过程中，可以进行如下初始化：

```
PORTB&=~(1<<PB3);
DDRB&=~(1<<PB3);
PORTB&=~(1<<PB4);
DDRB&=~(1<<PB4);
```

也就是把 SCL 与 SDA 总线先配置成方向为输入、端口数据为 0，并且这两根线都使用电源上拉电阻，这样就可以通过设置端口方向寄存器的方向位使两根线分别输出 1 和 0。原理是：端口方向设置为 1 时，输出就是 0，方向为 0 时内部为三态，但因为外部上拉了，因此输出就为 1。

3. 延时函数设计

根据 I²C 总线协议，在启动和停止信号产生以及操作 DS1621 期间需要用到 4μs 及毫秒级的延时函数，因此有两个延时函数。代码分别如下：

```
/*********************************
函数名称：4μs 延时函数，I²C 协议规定
函数功能：延时时间大于 4μs
入口参数：无
出口参数：无
晶振：1MHz 内部晶振
设计者：淮安信息 YY
设计日期：2015 年 8 月 1 日
*********************************/
void delay(void)
{
 NOP();
 NOP();
 NOP();
 NOP();
 NOP();
}
/*********************************
函数名称：毫秒级延时函数
函数功能：延时时间 1~65 535ms
入口参数：无符号整型变量
出口参数：无
晶振：1MHz 内部晶振
设计者：淮安信息 YY
设计日期：2015 年 8 月 1 日
*********************************/
void delaynms(uint nms)
{
 unsigned int i,j;
   for(i=nms;i>0;i--)
     for(j=174;j>0;j--);
}
```

4．I²C 启动信号函数

协议规定，I²C 总线上有单片机发起一次启动的规定为：在 SCL 高电平期间，SDA 由高电平向低电平变化，并且 SCL 继续保持高电平至少 4μs 以上。代码如下：

```
/********************************
函数名称：I²C 协议总线启动函数
函数功能：实现 SCL 为高电平时，SDA 由高向低电平跳变
入口参数：无
出口参数：无
晶振：1MHz 内部晶振
设计者：淮安信息 YY
设计日期：2015 年 8 月 1 日
********************************/
void i2c_start(void)
{
sda_1;
delay();
scl_1;
delay();
sda_0;
delay();
}
```

5．I²C 应答函数

当主机对从机发出指令或写入数据之后，主机释放 SDA 数据线，使其处于高电平状态；当从机响应主机的操作后，从机会把 SDA 数据线下拉为低电平，这时主机检测到 SDA 数据线为低电平视为应答。代码如下：

```
/********************************
函数名称：I²C 协议从器件应答函数
函数功能：从机应答，把 SDA 数据线拉低的过程
入口参数：无
出口参数：无
晶振：1MHz 内部晶振
设计者：淮安信息 YY
设计日期：2015 年 8 月 1 日
********************************/
void i2c_ack(void)
{
unsigned char i=0;
scl_1;
delay();
sda_1;
delay();
    while(((PINB&0X10)==0X10)&&(i<250))//等待从机拉低的时间内等待 250μs
    {
```

```
        i++;//如果还没有拉低响应，也继续往下运行
      }
    scl_0;
    delay();
  }
```

6. I^{2}C 总线终止函数

按照协议规定，当 SCL 时钟线为高电平状态，SDA 数据线从低电平向高电平的跳变视为终止一次 I^{2}C 总线的传输。代码如下：

```
/********************************
函数名称：I²C 协议主器件停止总线函数
函数功能：SCL 高电平期间，SDA 数据线由低到高点跳变
入口参数：无
出口参数：无
晶振：1MHz 内部晶振
设计者：淮安信息 YY
设计日期：2015 年 8 月 1 日
********************************/
void i2c_stop(void)
{
sda_0;
delay();
scl_1;
delay();
sda_1;
delay();
}
```

7. I^{2}C 写字节函数

数据在 SCL 高电平期间保持稳定，在 SCL 低电平期间才允许变化，这样，只有在 SCL 低电平期间，把准备发送的数据准备好，　一位二进制数据在 SCL 上升沿的作用下，才能有效传送到从机，数据从 MSB 开始传输。连续 8 个这样的 SCL 时钟，就能把一字节数据写完，最后，SCL 保持低电平，SDA 释放为高电平。代码如下：

```
/********************************
函数名称：I²C 协议主器件写字节数据函数
函数功能：在 SCL 时钟配合下，通过 SDA 数据线向从机写入一字节数据
入口参数：一字节数据或指令
出口参数：无
晶振：1MHz 内部晶振
设计者：淮安信息 YY
设计日期：2015 年 8 月 1 日
********************************/
void i2c_write_one_date(uchar date)
{
```

```
        unsigned char i,temp;
        temp=date;
          for(i=0;i<8;i++)
          {
              scl_0;
              delay();
              if((temp&0x80)==0x80)//MSB 开始传输
              sda_1;
              else
              sda_0;
              delay();
              scl_1;
              delay();
              temp=temp<<1;
          }
          scl_0;
          delay();
          sda_1;
          delay();
     }
```

8. I²C 主机从从机读出一字节数据函数

I²C 协议规定，SCL 高电平时，数据必须保持稳定，只有在 SCL 低电平期间数据才能
变化，对于读数据的状态，只能在 SCL 高电平期间，把 SDA 上的数据稳定好，然后 SCL
下降沿时数据才能读出有效。

```
     /*********************************
     函数名称：I²C 协议主器件从从机读出一字节数据函数
     函数功能：在 SCL 时钟配合下，通过 SDA 数据线从从机中读出一字节数据
     入口参数：无
     出口参数：读出的数据，SDA 数据线接在 PB4 引脚
     晶振：1MHz 内部晶振
     设计者：淮安信息 YY
     设计日期：2015 年 8 月 1 日
     *********************************/
     uchar i2c_read_one_date(void)
     {
         uchar i,k;
         scl_0;
         delay();
         sda_1;
         delay();
         for(i=0;i<8;i++)
         {
          scl_1;
          delay();
          k=((k<<1)|((PINB&0X10)>>4));
```

```
    scl_0;
    delay();
    }
   delay();
   return k;
  }
```

9. 单片机向 DS1621 传感器发送温度转换或测温指令函数

根据 DS1621 的操作规范，发送指令需要两个步骤，即先发送寻址/写指令，应答后，再发送操作指令（转换或测温），应答。代码如下：

```
/*********************************
函数名称：单片机向 DS1621 写指令函数
函数功能：从机寻址、写，从机操作的指令，比如转换、测温等
入口参数：写"写寻址"指令、从机控制操作指令
出口参数：无
晶振：1MHz 内部晶振
设计者：淮安信息 YY
设计日期：2015 年 8 月 1 日
*********************************/
void i2c_write_w_cmd(uchar w_cmd,uchar cmd)
{
 i2c_start();
 i2c_write_one_date(w_cmd);
 i2c_ack();
 i2c_write_one_date(cmd);
 i2c_ack();
}
```

10. 单片机从 DS1621 读取两字节温度数据函数

根据 DS1621 操作规范，I^{2}C 启动后，发送寻址写指令，应答后，重新发起一次启动信号，再写入寻址读指令，应答后可以接收 DS1621 传送过来的数据，第一个字节接收后，需要 10ms 的延时，再接收第二个字节的数据，最后终止 I^{2}C 总线的传输。代码如下：

```
/*********************************
函数名称：读取 DS1621 温度数据函数
函数功能：主机向从机发送读指令，连续读取两个字节温度数据
入口参数：写寻址指令、读寻址指令
出口参数：返回数据第一次读取字节数据
晶振：1MHz 内部晶振
设计者：淮安信息 YY
设计日期：2015 年 8 月 1 日
*********************************/
uchar i2c_read(uchar w_add_cmd,uchar r_add_cmd)
{
 uchar temp_h,temp_l;
```

```
i2c_start();
i2c_write_one_date(w_add_cmd);
i2c_ack();
i2c_start();
i2c_write_one_date(r_add_cmd);
i2c_ack();
temp_h=i2c_read_one_date();
delay_nms(10);
i2c_ack();
temp_l=i2c_read_one_date();
i2c_stop();
return temp_h;
}
```

11. 液晶 1602 显示函数（大部分略）

```
/*********************************
函数名称：数据处理与液晶显示函数
函数功能：对数字量进行处理并在指定位置显示
入口参数：转换结果数字量
出口参数：无
设计者：淮安信息 YY
设计日期：2015 年 7 月 29 日
*********************************/
void lm016_display1(uchar number)
{

    uchar bai,shi,ge;//定义显示数字变量
    bai=number/100;      //取出百位、十位、个位的数据
    shi=number%100/10;
    ge=number%10;

    if(flag1==1)
    {
    lm016_w_dat('-');
    flag1=0;
    }
    else
    {
    lm016_w_dat(tab[bai]);
    }
    lm016_w_dat(tab[shi]);
    lm016_w_dat(tab[ge]);
    lm016_w_dat(0xdf);
    lm016_w_dat('C');
}
void lm016_display2(uchar number)
{
```

```
uchar bai,shi,ge;//定义显示数字变量
bai=number/100;        //取出百位、十位、个位的数据
shi=number%100/10;
ge=number%10;
  if(flag2==1)
{
lm016_w_dat('-');
flag2=0;
}
else
{
lm016_w_dat(tab[bai]);
}
lm016_w_dat(tab[shi]);
lm016_w_dat(tab[ge]);
lm016_w_dat(0xdf);
lm016_w_dat('C');
}
```

12．主函数工作流程

主函数工作流程如图 7-12 所示。

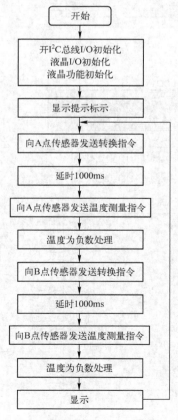

图 7-12　主函数工作流程

7.2.5　项目系统集成与调试

工作过程如图 7-13、图 7-14 所示。

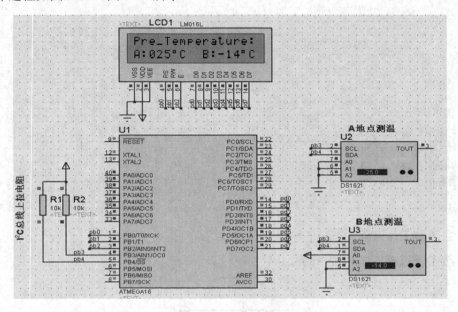

图 7-13　工作过程 1

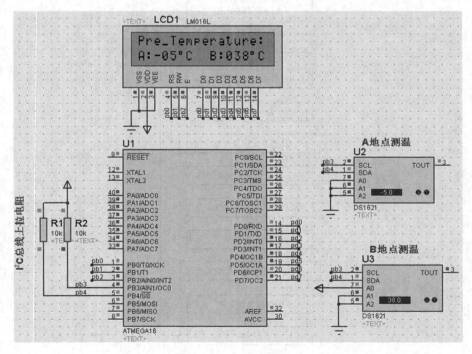

图 7-14　工作过程 2

知识巩固

1. I²C 总线上能挂接器件的数量由什么决定？
2. I²C 总线有什么优点？
3. 为什么 I²C 总线需要上拉电阻？
4. I²C 总线发起一次启动信号，SCL 与 SDA 需要怎样配合？
5. I²C 总线的应答信号是如何产生的？
6. I²C 总线的终止信号如何产生？
7. I²C 总线在信息阐述过程中，什么时候数据需要稳定？什么时候数据可以变化？
8. 向 DS1621 发送一次温度转换的命令过程如何？
9. 向 DS1621 发送一次测量温度的指令过程如何？
10. 向 DS1621 发送读温度信息的过程如何？

拓展练习

1. 你能把本项目扩展成 4 个地点测温吗？
2. 你能在本项目的基础上完成恒温控制系统的设计吗？

7.3　项目 11：基于 TWI 技术的多点测温控制系统设计

7.3.1　项目方案设计

与项目 10 相比，本项目采用单片机自带 TWI 总线实现 4 个不同地点的温度测量，项目方案框图如图 7-15 所示，并在 1602 显示器上显示。

单片机的 TWI 总线位置（见图 7-16）与 PC0 与 PC1 复用，与模拟 I²C 总线相比，可以省掉两个上拉电阻。TWI 总线的使用，需要考虑如下几个步骤：

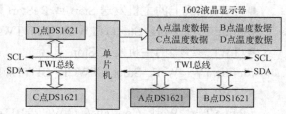

图 7-15　项目方案框图

1. TWI 总线波特率的设定

可以高达 400Kbps。TWI 总线是同步串行通信总线，SDA 线上数据在 SCL 时钟的节拍指挥下实现数据传输的功能，因此 SCL 的频率就决定了信息传输的速率。

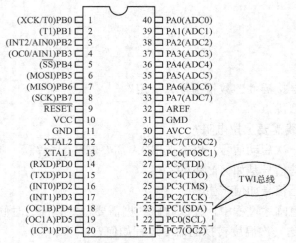

图 7-16　单片机 TWI 总线位置

SCL 频率=CPU 晶振频率/(16+2×TWBR 的设定数值×TWPS1..0 预分频因子)

假如 CPU 晶振频率为 1MHz，TWRB 设定为 2，预分频因子不动，也就是 1，则

SCL 频率=1 000 000/(16+2×2)=50 000Hz=50kHz

2．TWI 操作的状态码

硬件 TWI 的操作与 I²C 的操作也有一定的区别，表现为：TWI 每发起一个动作都会在 TWSR 寄存器中产生特定的状态码，单片机可通过这个状态码正确与否，判断 TWI 操作的执行情况。

- 启动信号状态码为 0X08；
- 重新启动信号的状态码为 0X10；
- 主机发送模式下，发送从机"寻址写"操作的状态码为 0X18；
- 主机发送模式下，发送一字节"数据（或指令）"的状态码为 0X28；
- 主机接收模式下，发送从机"寻址读"操作的状态码为 0X40；
- 主机接收模式下，主机接收到数据的应答状态码为 0X50；
- 主机接收模式下，主机接收到数据的非应答状态码为 0X58。

3．TWI 操作

对 TWI 的操作主要通过配置 TWCR 寄存器来达到 TWI 总线协议的要求：

- TWI 总线上的主机发送 Start 或 ReStart 信号

#define TWI_Work_Start() (TWCR=BIT(TWINT)+BIT(TWSTA)+BIT(TWEN))

- TWI 总线上的主机发送 Stop 信号

#define TWI_Work_Stop() (TWCR=BIT(TWINT)+BIT(TWSTO)+BIT(TWEN))

- TWI 总线继续传输

#define TWI_Work_Continue() (TWCR=BIT(TWINT)+BIT(TWEN))

- TWI 总线继续传输，主机返回 ACK 信号

#define TWI_Work_SentAck() (TWCR=BIT(TWINT)+BIT(TWEA)+BIT(TWEN))

- TWI 总线继续传输，主机返回 NotACK 信号

#define TWI_Work_SentNotAck() (TWCR=BIT(TWINT)+BIT(TWEN))
- TWI 总线上的主机发送字节数据

#define TWI_Work_WriteByte(byte_dat) {TWDR=(byte_dat);TWI_Work_Continue();}
- 等待 TWI 总线完成当前工作

#define TWI_Work_Wait() {while(!(TWCR&BIT(TWINT)));}

4．TWI 对状态码的判断

采用语句 if(TWSR&0xf8!=状态码)　return err;来判断本次操作正确与否。

5．TWI 对 DS1621 的写操作

主要写入"开始转换"0XEE 指令，写操作顺序如下：
启动—等待—判断状态码—写入"写寻址"指令—等待—判断状态码—写入"开始转换指令"—等待—判断状态码—TWI 停止。

6．TWI 对 DS1621 的读操作

读操作顺序如下：
启动—等待—判断状态码—写入"写寻址"指令—等待—判断状态码—写入"温度测量"指令 0XAA—等待—判断状态码—重新启动—等待—判断状态码—写入"寻址读"指令—等待—判断状态码—主机启动 ACK 操作—等待—判断状态码—接收第一个字节数据—主机启动 NOACK 操作—等待—判断状态码—接收第二个字节—TWI 停止。

7.3.2　项目硬件电路设计

TWI 总线 4 点温度测量电路如图 7-17 所示。

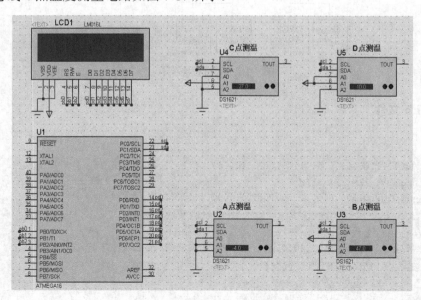

图 7-17　TWI 总线 4 点温度测量电路

根据 DS1621 地址端 A0、A1、A2 的不同接法，A、B、C、D 四个地点的读/写操作指令如表 7-9 所示。

表 7-9 A、B、C、D 四点 DS1621 操作指令

地点 \ 指令	写寻址指令	读寻址指令	启动转换指令	温度测量指令
A 点 DS1621	0X90	0X91	0XEE	0XAA
B 点 DS1621	0X92	0X93	0XEE	0XAA
C 点 DS1621	0X94	0X95	0XEE	0XAA
D 点 DS1621	0X96	0X97	0XEE	0XAA

 # 7.3.3 项目驱动软件设计

1. 项目程序架构

项目程序架构如图 7-18 所示。

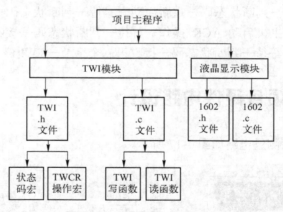

图 7-18 项目程序架构

2. TWI.h 文件

代码如下：

```
#ifndef TWI_H
#define TWI_H
#include"lm016.h"
/************************************************
TWI 总线状态代码
状态码： 主机启动信号已经发送                    0x08
状态码：REPETED START 已发送                     0x10
状态码：MT 模式下发送 Sla+W，接收到 ACK         0x18
状态码：MT 模式下发送数据，接收到 ACK           0x28
状态码：MR 模式下发送 Sla+R，接收到 ACK         0x40
```

```
状态码：MR 模式下接收到数据，ACK 已返回          0x50
状态码：MR 模式下接收到数据，Not ACK 已返回       0x58
*************************************************/
/*TWI 总线操作*/
//TWI 总线上的主机发送 Start 或 ReStart 信号
#define TWI_Work_Start() (TWCR=BIT(TWINT)+BIT(TWSTA)+BIT(TWEN))
//TWI 总线上的主机发送 Stop 信号
#define TWI_Work_Stop() (TWCR=BIT(TWINT)+BIT(TWSTO)+BIT(TWEN))
//TWI 总线继续传输
#define TWI_Work_Continue() (TWCR=BIT(TWINT)+BIT(TWEN))
//TWI 总线继续传输，主机返回 ACK 信号
#define TWI_Work_SentAck() (TWCR=BIT(TWINT)+BIT(TWEA)+BIT(TWEN))
//TWI 总线继续传输，主机返回 NotACK 信号
#define TWI_Work_SentNotAck() (TWCR=BIT(TWINT)+BIT(TWEN))
//TWI 总线上的主机发送字节数据
#define TWI_Work_WriteByte(byte_dat) {TWDR=(byte_dat);TWI_Work_Continue();}
//等待 TWI 总线完成当前工作
#define TWI_Work_Wait() {while(!(TWCR&BIT(TWINT)));}
void delaynms(uint nms);
void TWI_Hard_Init(void);
uchar TWI_MT_Write(uchar addr_w_cmd,uchar change_cmd);
uchar TWI_MR_Read(uchar addr_w_cmd,uchar measure_cmd,uchar addr_r_cmd);
#endif
```

3．TWI 初始化函数

代码如下：

```
/*********************************
函数名称：TWI 初始化函数
函数功能：设置 SCL 频率为 50kHz
入口参数：无
出口参数：无
设计者：淮安信息 YY
设计日期：2015 年 8 月 3 日
*********************************/
void TWI_Hard_Init(void)
{
 TWBR=2;//设置 TWI 比特寄存器 TWBR
 TWSR=0x00;//设置 TWI 状态寄存器 TWSR
}
```

4．TWI 写函数

代码如下：

```
/*********************************
函数名称：TWI 写寻址、写开始转换指令函数
```

函数功能：能对不同地址的 DS1621 写入"写寻址"及"开始转换"指令
入口参数：不同地址的器件写寻址指令、所有器件的开始转换指令
出口参数：无
设计者：淮安信息 YY
设计日期：2015 年 8 月 3 日
**********************************/

```
uchar TWI_MT_Write(uchar addr_w_cmd,uchar change_cmd)
{
 uchar sta_error=0;
 TWI_Work_Start();//TWI 总线上的主机发送 Start 信号
 TWI_Work_Wait(); //等待 TWI 总线完成当前工作
 if(TWSR&0xf8!=0x08) sta_error+=1; //判断状态码：START 已发送
 TWI_Work_WriteByte(addr_w_cmd); //TWI 总线上的主机发送字节数据，此处是 Sla+W
 TWI_Work_Wait(); //等待 TWI 总线完成当前工作
 if(TWSR&0xf8!=0x18) sta_error+=1; //判断状态码：MT 模式下发送数据，接收到 ACK
 TWI_Work_WriteByte(change_cmd); //TWI 总线上的主机发送字节数据，通知 DS1621 转换
 TWI_Work_Wait();//等待 TWI 总线完成当前工作
 if(TWSR&0xf8!=0x28) sta_error+=1;//判断状态码：MT 模式下发送数据，接收到 ACK
 TWI_Work_Stop(); //TWI 总线上的主机发送 Stop 信号
 return sta_error; //返回错误状态
}
```

5．TWI 读函数

代码如下：

/**********************************
函数名称：TWI 读 DS1621 的温度数值函数
函数功能：能对不同地址的 DS1621 写入"写寻址"、"温度测量"指令与"读寻址"指令
入口参数：不同地址的器件写寻址指令、所有器件的温度测量指令、读寻址指令
出口参数：无
设计者：淮安信息 YY
设计日期：2015 年 8 月 3 日
**********************************/

```
uchar TWI_MR_Read(uchar addr_w_cmd,uchar measure_cmd,uchar addr_r_cmd)
{
 uchar sta_error=0;
 uchar temp_h,temp_l;
 TWI_Work_Start();//TWI 总线上的主机发送 Start 信号
 TWI_Work_Wait(); //等待 TWI 总线完成当前工作
 if(TWSR&0xf8!=0x08) sta_error+=1;   //判断状态码：START 已发送
 TWI_Work_WriteByte(addr_w_cmd); //TWI 总线上的主机发送字节数据，此处是 Sla+W
 TWI_Work_Wait(); //等待 TWI 总线完成当前工作
 if(TWSR&0xf8!=0x18) sta_error+=1;//判断状态码：MT 模式下发送数据，接收到 ACK
 TWI_Work_WriteByte(measure_cmd); //主机发送字节数据，通知 DS1621 温度测量
 TWI_Work_Wait();//等待 TWI 总线完成当前工作
 if(TWSR&0xf8!=0x28) sta_error+=1;//判断状态码：MT 模式下发送数据，接收到 ACK
  TWI_Work_Start();//TWI 总线上的主机发送 ReStart 信号
```

```
        TWI_Work_Wait(); //等待 TWI 总线完成当前工作
        if(TWSR&0xf8!=0x10) sta_error+=1;//判断状态码：ReSTART 已发送
        TWI_Work_WriteByte(addr_r_cmd); //TWI 总线上的主机发送字节数据，此处是 Sla+R
        TWI_Work_Wait();//等待 TWI 总线完成当前工作
        if(TWSR&0xf8!=0x40) sta_error+=1;//判断状态码：MR 模式下发送 Sla+R，接收到 ACK
        TWI_Work_SentAck();//TWI 总线继续传输，主机返回 ACK 信号
        TWI_Work_Wait();    //等待 TWI 总线完成当前工作
        if(TWSR&0xf8!=0x50) sta_error+=1;//判断状态码：MR 模式下接收到数据，ACK 已返回
        temp_h=TWDR;
        TWI_Work_SentNotAck();//TWI 总线继续传输，主机返回 NotACK 信号
        TWI_Work_Wait();    //等待 TWI 总线完成当前工作
        if(TWSR&0xf8!=0x58) sta_error+=1;//判断状态码：MR 模式下接收到数据，ACK 已返回
        temp_l=TWDR;
        TWI_Work_Stop();//TWI 总线上的主机发送 Stop 信号
        return temp_h;//返回错误状态
    }
```

6. 1602 显示（大部分略）

主要根据温度为负数时的显示，其他功能与以前一样，代码如下：

```
/**********************************
 函数名称：数据处理与液晶显示函数
 函数功能：根据负数标志，把百位替换成负数标志 "-"
 入口参数：转换结果数字量
 出口参数：无
 设计者：淮安信息 YY
 设计日期：2015 年 8 月 3 日
 **********************************/
void lm016_display(uchar number)
{
  uchar bai,shi,ge;//定义显示数字变量
  bai=number/100;     //取出百位、十位、个位的数据
  shi=number%100/10;
  ge=number%10;
    if(flag==1)
   {
  lm016_w_dat('-');
  flag=0;
  }
  else
  {
  lm016_w_dat(tab[bai]);
  }
  lm016_w_dat(tab[shi]);
  lm016_w_dat(tab[ge]);
  lm016_w_dat(0xdf);
  lm016_w_dat('C');
}
```

7. 主函数工作流程

主函数工作流程如图 7-19 所示。

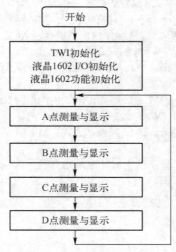

图 7-19 主函数工作流程

主函数代码如下：

```
#include"twi.h"
uchar flag;
/********************************
函数名称：项目主函数
函数功能：实现 4 点温度测量并显示
入口参数：无
出口参数：无
设计者：淮安信息  YY
设计日期：2015 年 8 月 3 日
********************************/
void main(void)
{
 uchar i,error;
 uchar temp;
 TWI_Hard_Init();
 lm016_io_init();
 lm016_set_init();
  while(1)
  {
  //以下为 A 点温度测量与显示
  error=TWI_MT_Write(0x90,0xee);
  delaynms(1000);
  temp=TWI_MR_Read(0x90,0xaa,0x91);
  if((temp&0x80)>=0x80)        //判断温度的正负
    {
     temp=~(temp)+1;//负数的原码等于补码取反加 1
```

```
        flag=1;//负数标示显示的标志
     }
  lm016_w_cmd(0x80);
  lm016_w_dat('A');
  lm016_w_dat(':');
  lm016_display(temp);
  delaynms(10);
  //以下为 B 点温度测量与显示
  error=TWI_MT_Write(0x92,0xee);
  delaynms(1000);
  temp=TWI_MR_Read(0x92,0xaa,0x93);
  if((temp&0x80)>=0x80)        //判断温度的正负
    {
     temp=~(temp)+1;//负数的原码等于补码取反加 1
      flag=1;//负数标示显示的标志
     }
  lm016_w_cmd(0x80+9);
  lm016_w_dat('B');
  lm016_w_dat(':');
  lm016_display(temp);
  delaynms(10);
  //以下为 C 点温度测量与显示
  error=TWI_MT_Write(0x94,0xee);
  delaynms(1000);
  temp=TWI_MR_Read(0x94,0xaa,0x95);
  if((temp&0x80)>=0x80)        //判断温度的正负
    {
     temp=~(temp)+1;//负数的原码等于补码取反加 1
      flag=1;//负数标示显示的标志
     }
  lm016_w_cmd(0xC0);
  lm016_w_dat('C');
  lm016_w_dat(':');
  lm016_display(temp);
  delaynms(10);
  //以下为 D 点温度测量与显示
  error=TWI_MT_Write(0x96,0xee);
  delaynms(1000);
  temp=TWI_MR_Read(0x96,0xaa,0x97);
  if((temp&0x80)>=0x80)        //判断温度的正负
    {
     temp=~(temp)+1;//负数的原码等于补码取反加 1
      flag=1;//负数标示显示的标志
     }
  lm016_w_cmd(0xC0+9);
  lm016_w_dat('D');
  lm016_w_dat(':');
  lm016_display(temp);
  delaynms(10);
```

```
    }
  }
```

7.3.4　项目系统集成与调试

项目工作状态如图 7-20 及图 7-21 所示。

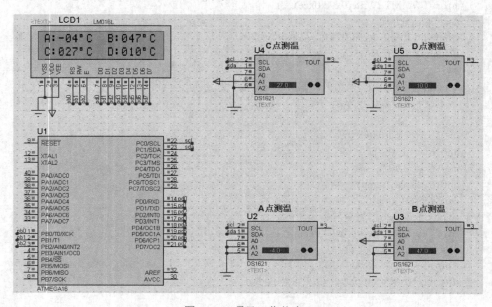

图 7-20　项目工作状态 1

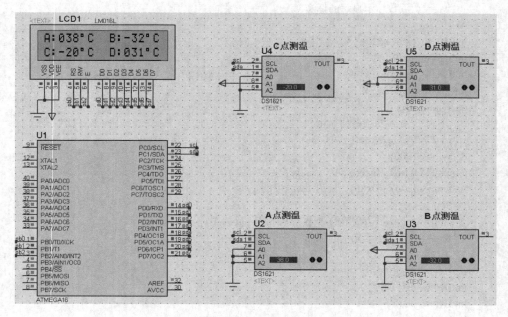

图 7-21　项目工作状态 2

知识巩固

1. TWI 总线波特率如何设置？
2. 如何启动一次 TWI 开始工作？如何判定 TWI 已经正确启动？
3. 如何重新启动一次 TWI 工作？如何判定 TWI 已经正确重新启动？
4. TWI 等待一次操作是如何工作的？
5. TWI 传输一次数据发送是如何工作的？要怎么判定已经正确发送？
6. TWI 发送一次从机写寻址操作的步骤是什么？如何判定操作正确？
7. TWI 的主机发送模式与主机接收模式的状态码一样吗？
8. TWI 发送一次从机读寻址操作的工作步骤是什么？
9. TWI 向 DS1621 读寻址操作指令后，接收第一个数据字节该怎么操作？
10. TWI 向 DS1621 读寻址操作指令后，接收第二个数据字节该怎么操作？

拓展练习

AT24C×× 系列存储芯片是 I²C（TWI）总线协议器件，请在 TWI 总线上再连接一个 AT24C08 器件，把本项目的 4 个 DS1621 采集的温度数据保存到 AT24C08 的 0X00—0X0A、0X20—0X2A、0X30—0X3A、0X40—00X4A 等 4 个不同区域中，保存最近转换的 10 次不同数据信息。

任务 8

单片机 SPI 模块应用

8.1 SPI 总线使用概述与目标要求

8.1.1 任务教学目标

◆ 理解 SPI 总线的概念；
◆ 掌握 SPI 的引脚性能及特点；
◆ 理解 SPI 总线的通信原理；
◆ 理解 SPI 总线通信的工作模式；
◆ 掌握 ATmega16 单片机的 SPI 总线引脚定义；
◆ 理解 ATmega16 单片机中关于 SPI 总线的寄存器使用方法；
◆ 掌握铁电存储器 FM25040 的特性、引脚定义；
◆ 掌握 ATmega16 单片机控制 FM25040 的硬件电路设计方法；
◆ 掌握 SPI 总线的驱动程序设计方法。

8.1.2 教学目标知识与技能点介绍

1. SPI 总线介绍

1）SPI 总线简介

SPI 是英语 Serial Peripheral Interface 的缩写，顾名思义就是串行外围设备接口，是 Motorola 首先在其 MC68HC××系列处理器上定义的。SPI 接口主要应用在 EEPROM、Flash、实时时钟、ADC，以及数字信号处理器和数字信号解码器之间。

SPI 是一种高速的、全双工、同步的通信总线，并且在芯片的引脚上只占用 4 根线，节约了芯片的引脚，同时为 PCB 的布局上节省空间提供方便，正是出于这种简单易用的特性，如今越来越多的芯片集成了这种通信协议。

2）SPI 的引脚定义

SPI 以主从方式工作，这种模式通常有一个主设备和一个或多个从设备，需要至少 4 根线，事实上 3 根也可以（用于单向传输时，也就是半双工方式）。这 4 根线是：MOSI、MISO、SCK 和 CS。

MOSI：主机输出/从机输入；

MISO：主机输入/从机输出；

SCK：时钟信号，由主设备产生；

CS：从设备使能信号，由主设备控制（Chipselect），有的 IC 此 pin 脚叫 SS。

其中 CS 是控制芯片是否被选中的，也就是说只有片选信号为预先规定的使能信号时（高电位或低电位），对此芯片的操作才有效。这就使得在同一总线上连接多个 SPI 设备成为可能。

3）SPI 的通信原理

SPI 是串行通信协议，也就是说数据是一位一位传输的。这就是 SCK 时钟线存在的原因，由 SCK 提供时钟脉冲，MOSI 和 MISO 则基于此脉冲完成数据传输。

数据在时钟上升沿或下降沿时改变，在紧接着的下降沿或上升沿被读取，完成一位数据传输。这样，经过至少 8 次时钟信号的改变（一次时钟信号包含上升沿或下降沿各一次），就可以完成 8 位数据的传输。

需要注意的是，SCK 信号线只由主设备控制，从设备不能控制信号线。同样，在一个基于 SPI 的设备中，至少有一个主控设备。

这样的传输方式有一个优点，与普通的串行通信不同，普通的串行通信一次连续传送至少 8 位数据，而 SPI 允许数据一位一位地传送，甚至允许暂停，因为 SCK 时钟线由主控设备控制，当没有时钟跳变时，从设备不采集或传送数据。也就是说，主设备通过对 SCK 时钟线的控制可以完成对通信的控制。

SPI 还是一个数据交换协议：因为 SPI 的数据输入和输出线独立，所以允许同时完成数据的输入和输出。

4）SPI 的数据模式

由于不同的 SPI 设备的数据改变和采集的时间不同，在时钟信号上沿或下沿采集有不同定义，因此 SPI 存在 4 种数据模式：0、1、2、3，如图 8-1 所示。

2．ATmega16 单片机的 SPI

1）ATmega16 单片机 SPI 的特点

● 全双工，3 线同步数据传输；

● 主机或从机操作；

● LSB 首先发送或 MSB 首先发送；

● 7 种可编程的比特率；

● 传输结束中断标志；

● 写碰撞标志检测；

● 可以从闲置模式唤醒；

● 作为主机时具有倍速模式（CK/2）。

2）ATmega16 单片机 SPI 的引脚

ATmega16 单片机 SPI 的引脚如图 8-2 所示。

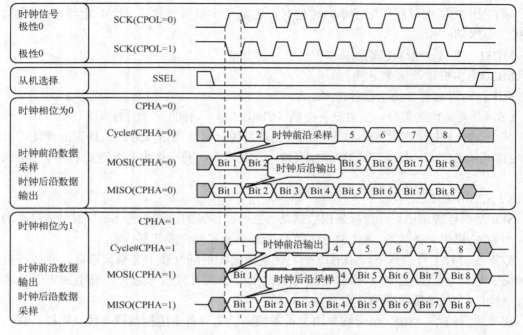

图 8-1　SPI 数据模式

- MOSI 和 PB5 引脚复用；
- MISO 和 PB6 引脚复用；
- SCK 和 PB7 引脚复用。

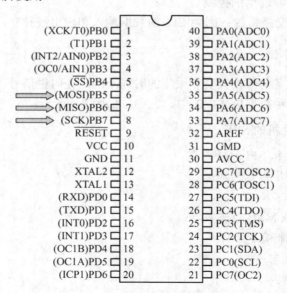

图 8-2　ATmega16 单片机 SPI 的引脚

3）ATmega16 单片机 SPI 寄存器应用

（1）SPI 控制寄存器——SPCR，如表 8-1 所示。

表 8-1　SPCR 寄存器

位	7	6	5	4	3	2	1	0
位名称	SPIE	SPE	DORD	MSTR	CPOL	CPHA	SPR1	SPR0
读/写	R/W	R/W	R/W	R/W	R/W	R/W	R/W	R/W
初始值	0	0	0	0	0	0	0	0

● 位 6——SPE：使能 SPI

SPE 置位将使能 SPI。进行任何 SPI 操作之前必须置位 SPE。

● 位 5——DORD：数据次序

DORD 置位时数据的 LSB 首先发送；否则数据的 MSB 首先发送。

● 位 4——MSTR：主/从选择

MSTR 置位时选择主机模式，否则为从机模式。

● 位 3——CPOL：时钟极性（见表 8-2）

● 位 2——CPHA：时钟相位

表 8-2　时钟极性与相位确定采样时间及工作模式

时钟极性与时钟相位	起　始　沿	结　束　沿	SPI 模式
CPOL=0，CPHA=0	采样（上升沿）	采样（下降沿）	0
CPOL=0，CPHA=1	设置（上升沿）	采样（下降沿）	1
CPOL=1，CPHA=0	采样（下降沿）	采样（上升沿）	2
CPOL=1，CPHA=1	采样（下降沿）	采样（上升沿）	3

● 位 1、0——SPR1、SPR0：SPI 时钟速率选择 1 与 0

确定主机的 SCK 速率。SPR1 和 SPR0 对从机没有影响。SCK 和振荡器的时钟频率 f_{osc} 的关系如表 8-3 所示。

表 8-3　SPI2X、SPR1、SPR0 不同组合确定的 SCK 频率

SPI2X	SPR1	SPR0	SCK 频率
0	0	0	$f_{osc}/4$
0	0	1	$f_{osc}/16$
0	1	0	$f_{osc}/64$
0	1	1	$f_{osc}/128$
1	0	0	$f_{osc}/2$
1	0	1	$f_{osc}/8$
1	1	0	$f_{osc}/32$
1	1	1	$f_{osc}/64$

（2）SPI 状态寄存器——SPSR，如表 8-4 所示。

表 8-4　SPSR 寄存器

位	7	6	5	4	3	2	1	0
位名称	SPIF	WCOL	—	—	—	—	—	SPI2X
读/写	R	R	R	R	R	R	R	R/W
初始值	0	0	0	0	0	0	0	0

● 位 7——SPIF：SPI 中断标志

串行发送结束后，SPIF 置位。若此时寄存器 SPCR 的 SPIE 和全局中断使能位置位，SPI 中断即产生。如果 SPI 为主机，SS 配置为输入，且被拉低，SPIF 也将置位。进入中断服务程序后 SPIF 自动清零。或者可以通过先读 SPSR，紧接着访问 SPDR 来对 SPIF 清零。

● 位 0——SPI2X：SPI 倍速

置位后 SPI 的速度加倍。若为主机，则 SCK 频率可达 CPU 频率的一半；若为从机，只能保证 $f_{osc}/4$。

（3）SPI 数据寄存器——SPDR，如表 8-5 所示。

表 8-5 SPDR 寄存器

位	7	6	5	4	3	2	1	0
位名称	MSB	—	—	—	—	—	—	LSB
读/写	R/W	R/W	R/W	R/W	R/W	R/W	R/W	R/W
初始值	X	X	X	X	X	X	X	X

SPI 数据寄存器为读/写寄存器，用来在寄存器文件和 SPI 移位寄存器之间传输数据。写寄存器将启动数据传输，读寄存器将读取寄存器的接收缓冲器。

4）铁电存储器 FM25040 介绍

（1）FM25040 特性。

● 4K（512×8）位的非易失性铁电随机存储器，100 亿次的读写次数；

● 在 85℃下掉电数据保持 10 年，写数据无延时；

● 最大达到 2.1Mbps 的总线速度，硬件上可以直接替代 EEPROM；

● 支持 SPI 数据模式 0。提供了完善的硬件和软件写保护。

（2）FM25040 引脚定义（如图 8-3 所示）。

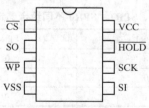

图 8-3　FM25040 引脚定义

$\overline{CS}$：片选信号，使能芯片。当为高电平时，所有的输出处于高阻态，同时芯片忽略其他的输入。芯片保持在低功耗的静态状态。当片选为低电平时，芯片根据 SCK 的信号而动作，在任何操作之前，$\overline{CS}$ 必须有一个下降沿。

SO：串行输出，它在读操作中有效，在其他的情况下，它保持高阻状态，包括在 $\overline{HOLD}$ 引脚为低电平的时候。数据在时钟的下降沿移出到 SOY 引脚上。SO 可以与 SI 连接在一起，因为 FM25040 以半双工的方式进行通信。

$\overline{WP}$：写保护。这个引脚的作用是阻止向状态寄存器进行写操作，这是非常重要的，因为其他的写保护特性是通过状态寄存器来控制的。

SI：串行输入，所有的数据通过这个引脚输入芯片。此引脚的信号在时钟的上升沿被采样，在其他时间被忽略。

$\overline{\text{HOLD}}$：保持。当主 MCU 因为另外一个任务而中止当前内存操作时，$\overline{\text{HOLD}}$ 引脚被使用。$\overline{\text{HOLD}}$ 引脚为低电平，则暂停当前的操作。

FM25040 的典型使用如图 8-4 所示（主机有硬件 SPI 总线）。

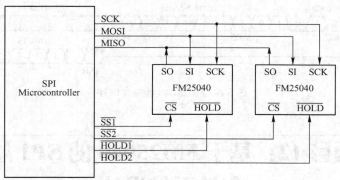

MOSI: Master Out Slave In
MISXO: Master In Slave Out
SS: Slave Select

图 8-4　FM25040 典型控制电路

FM25040 总共有 6 条指令，如表 8-6 所示。

表 8-6　FM25040 指令

指 令 名	功 能 描 述	指令值（二进制表示）
WREN	设置写使能	00000110
WRDI	禁止写	00000100
RDSR	读状态寄存器	00000101
WRSR	写状态寄存器	00000001
READ	读存储数据	0000A011
WRITE	写数据	0000A010

WREN：设置写使能寄存器，FM25040 上电后的状态是禁止写操作。WREN 命令必须在任何写操作之前被发送，送出 WREN 命令后将允许用户发布并发的写操作操作码。

WRITE：写操作，所有的写操作都必须以写 WREN 命令为开始，下一个操作码是 WRITE 指令，这个操作码的第三位 A 为地址位 A8，后面跟随一个字节的地址值（A7～A0）。其时序如图 8-5 所示。

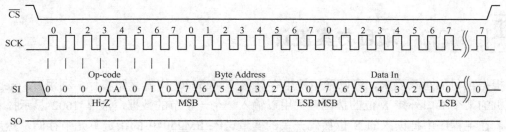

图 8-5　FM25040 写操作时序

READ：读操作。在 $\overline{\text{CS}}$ 信号的下降沿后，总线控制器发送一个读操作码，这个操作码的第三位 A 为地址位 A8，后面跟随一个字节的地址值（A7～A0）。其时序如图 8-6 所示。

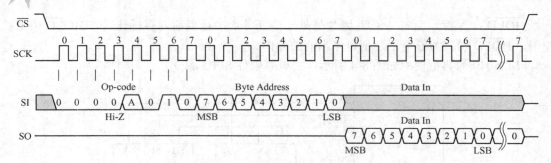

图 8-6　FM25040 读操作时序

8.2　项目 12：基于 FM25040 的 SPI 总线数据存储系统设计

 ### 8.2.1　项目背景

　　某公司正在开发与设计一款汽车的运行参数行驶记录仪器，要求用写入速度极快的非易失性存储器存储数据，能把一字节的数据写入存储器的指定单元中去，并且在需要的时候能读出来，如图 8-7 所示。假如你是该公司的技术研发人员，请你设计一个能验证上述功能的控制系统。

图 8-7　铁电存储器及应用领域

 ### 8.2.2　项目方案设计

　　根据项目的背景要求，可以采用铁电存储器 FM25040 作为存储芯片，利用 ATmega16 单片机的某个端口外接 8 位的拨码开关用以输入一个一字节的数据，液晶 1602 显示提示及数据，在主程序中把读入的 8 位拨码开关的变量送入 FM25040 的指定单元中存储，然后再读出来送到液晶 1602 显示，如果液晶 1602 显示的数值正好是拨码开关的数值，则说明设计的系统能验证项目的功能要求。项目方案框图如图 8-8 所示。

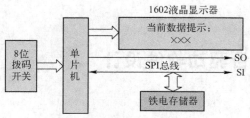

图 8-8 项目方案框图

 8.2.3 项目硬件电路设计

项目 I/O 引脚分配如表 8-7 所示。

表 8-7 项目 I/O 引脚分配

8 位拨码开关	液晶控制引脚	液晶数据引脚	铁电 FM25040
PA0～PA7	RS—PB0 RW—PB1 E—PB2	PD0～PD7	$\overline{CS}$—PB4 SCK—PB7 SI—PB5 SO—PB6

根据 FM25040 的引脚定义，FM25040 的 $\overline{WP}$ 和 $\overline{HOLD}$ 端口接在电源上。由此可以设计出电路的原理图，如图 8-9 所示。

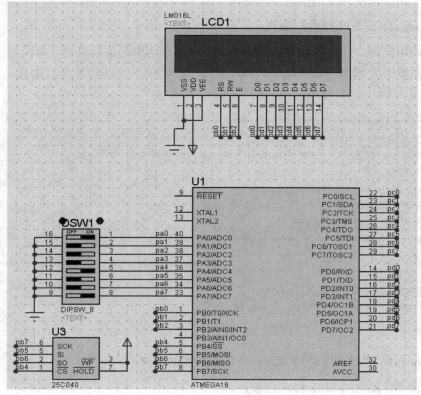

图 8-9 项目电路图

8.2.4　项目驱动软件设计

1. 项目程序架构

项目程序架构如图 8-10 所示。

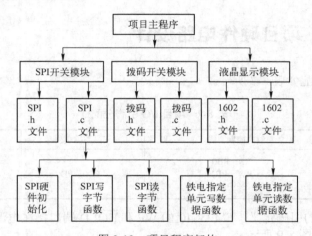

图 8-10　项目程序架构

2. ATmega16 的 SPI 硬件初始化

根据硬件电路图，FM25040 的 SCK、SI、$\overline{\text{CS}}$ 三个引脚是单片机对外输出的，同时，要对 SPCR 寄存器中的 SPE、MSTR、SPR0、SPR1 及 SPSR 中的 SP2X 进行配置。使能 SPI、主机模式、16 分频。

```
/**********************************
函数名称：SPI 功能初始化函数
函数功能：CS、SI、SCK 方向为输出 SPI 使能、主机模式、16 分频
入口参数：无
出口参数：无
设计者：淮安信息 YY
设计日期：2015 年 8 月 3 日
**********************************/
void spi_sfr_init(void)
{
  DDRB=(1<<PB4)|(1<<PB5)|(1<<PB7);
  SPCR=(1<<SPE)|(1<<SPR0)|(1<<MSTR);
}
```

3. ATmega16 通过 SPI 总线写入一个字节数据的程序

通过查询 SPSR 中的 SPIF 标志位设计。

```
/*********************************
函数名称：SPI 发送一字节数据函数
函数功能：发送一字节数据
入口参数：uchar 型数据
出口参数：无
设计者：淮安信息 YY
设计日期：2015 年 8 月 3 日
*********************************/
void spi_send_one_dat(uchar dat)
{
 SPDR=dat;
 while(!(SPSR&(1<<SPIF)));
}
```

4. ATmega16 通过 SPI 总线读取一个字节数据的程序

应特别注意 SCK 时钟信号的产生要求。

```
/*********************************
函数名称：SPI 主机从从机读取字节数据函数
函数功能：读取一字节数据
入口参数：无
出口参数：uchar 型数据
设计者：淮安信息 YY
设计日期：2015 年 8 月 3 日
*********************************/
uchar spi_receive_one_dat(void)
{
 SPDR=0X00;//假写一个无用数据，为 FM25040 返回数据产生脉冲信号
 while(!(SPSR&(1<<SPIF)));
 return SPDR;
}
```

5. ATmega16 通过 SPI 总线向 FM25040 指定单元写入一个字节数据的程序

FM25040 的协议规定：写操作通常在写允许指令之后进行，其时序如图 8-5 所示。在写允许状态锁存后，将 $\overline{CS}$ 变高；再将 $\overline{CS}$ 变低，在 SCK 的同步下输入写操作指令并送入 9 位地址，紧接着发送需写入的数据，写完把 $\overline{CS}$ 拉高，SCK 拉低准备下次操作。写入的数据一次最多可达 32 个，但必须保证在同一页内。

```
/*********************************
函数名称：铁电存储器指定单元写字节函数
函数功能：指定存储单元地址，写入一字节数据
入口参数：FM25040 的指定单元地址与要写的数据
出口参数：无
设计者：淮安信息 YY
设计日期：2015 年 8 月 3 日
```

```
**********************************/
void fm25_write_dat(uchar adress,uchar dat)
{
  fm25_en;
  spi_send_one_dat(fm25_wren);
  fm25_disen;
  fm25_en;
  spi_send_one_dat(fm25_writ);
  spi_send_one_dat(adress);
  spi_send_one_dat(dat);
  fm25_disen;
}
```

6. ATmega16 通过 SPI 总线向 FM25040 指定单元读出一个字节数据的程序

FM25040 的协议规定：器件的读操作时序如图 8-6 所示。当 $\overline{CS}$ 信号有效时，在 SCK 信号的同步下，8 位的读指令送入器件，接着送入 9 位地址。在读指令和地址发出后，SCK 继续发出时钟信号，此时存储在该地址的数据由 SCK 控制从 SO 引脚移出。在每个数据移出后，内部的地址指针自动加 1，如继续对器件发送 SCK 信号，可读出下一个数据。当地址指针计到 0FFFH 之后，将回到 0000H。读操作的结束由 $\overline{CS}$ 信号变高实现。

```
/**********************************
函数名称：铁电存储器指定单元读出一字节函数
函数功能：指定存储单元地址，读出一字节数据
入口参数：FM25040 的指定单元地址
出口参数：uchar 型数据
设计者：淮安信息 YY
设计日期：2015 年 8 月 3 日
**********************************/
uchar fm25_read_dat(uchar adress)
{
  uchar dat;
  fm25_en;
  spi_send_one_dat(fm25_read);
  spi_send_one_dat(adress);
  dat=spi_receive_one_dat();
  fm25_disen;
  return dat;
}
```

7. 主程序工作流程

主程序工作流程如图 8-11 所示。

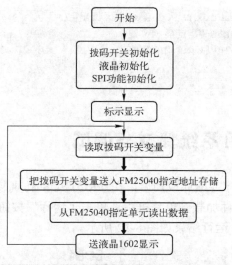

图 8-11　主程序工作流程

主程序代码如下：

```
#include"pa.h"
#include"spi.h"
#include"lm016.h"
uchar tab[]={'0','1','2','3','4','5','6','7','8','9'};
uchar tishi[]="Pre_number:";
/********************************
函数名称：项目主函数
函数功能：实现 SPI 读/写 FM25040 功能
入口参数：无
出口参数：无
设计者：淮安信息 YY
设计日期：2015 年 8 月 3 日
********************************/
void main(void)
{
 uchar temp1,temp2,j=0;
 pa_io_init();
 spi_sfr_init();
 lm016_io_init();
 lm016_set_init();
 lm016_w_cmd(0x82);
 while(tishi[j]!='\0')
 lm016_w_dat(tishi[j++]);
  while(1)
  {
  temp1=pa_value_get();//读拨码开关量
  fm25_write_dat(0x03,temp1);//送铁电 03 单元存储
  delay_nms(10);
```

```
        temp2=fm25_read_dat(0x03);//从铁电 03 单元读出
        lm016_w_cmd(0xc6);     //指定显示位置
        lm016_display(temp2);//显示读出的数值
    }
}
```

 ## 8.2.5　项目系统集成与调试

在 ICC 软件中输入程序并编译成功后，在 PROTEUS 仿真软件中设计好电路图，双击单片机把编程成功的.cof 文件加载到单片机中，单击"运行"按钮。

把拨码开关置为 0x0f，运行结果如图 8-12 所示。

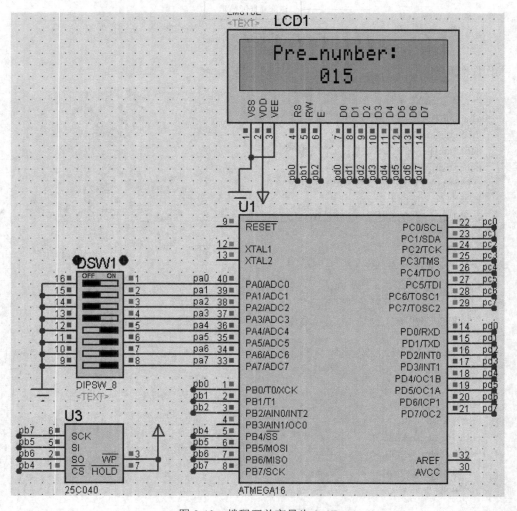

图 8-12　拨码开关变量为 0x0F

把拨码开关置为 0x55，运行结果如图 8-13 所示。

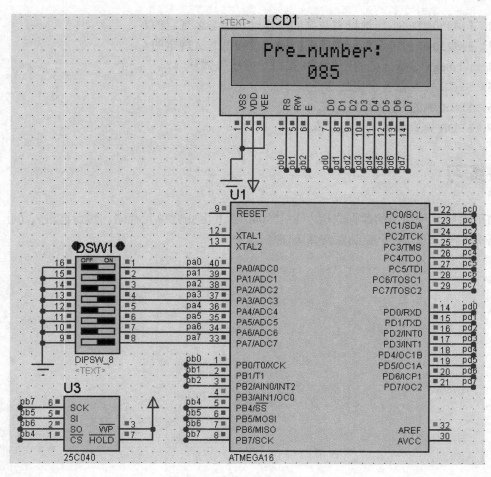

图 8-13　拨码开关变量为 0x55

知识巩固

1. SPI 工作模式 0 数据传输格式如何？

2. 铁电存储器 FM25040 的引脚名称及功能是什么？

3. 单片机控制两片铁电存储器 FM25040 的电路怎么设计？

4. SPI 总线是哪个公司推出的？

5. FM25040 的供电电压需要多大？

6. FM25040 存储容量有多大？需要几位地址编码？

7. 单片机写入 FM25040 一位二进制数据需要什么样的时钟信号时序？

8. 单片机读出 FM25040 一位二进制数据需要什么样的时钟信号时序？

9. 如何把 8 位二进制数逐位送进 FM25040 的 SI 数据线上？

10. 如何把 FM25040 的 SO 数据线上的二进制数据接收并合成一个字节数据？

11. FM25040 的写使能指令、写指令、读指令是什么？怎么使用？

12. FM25040 的指定地址写数据的操作过程是怎么规定的？

13. FM25040 的指定地址读数据的操作过程是怎么规定的？

14. ATmega16 单片机的硬件 SPI 接口与哪些引脚复用？

15. SPCR 寄存器各个位的功能是什么？

16. SPSR 中的 SPIF 有何含义？

17. SPDR 寄存器的功能是什么？

拓展练习

如果想把 8 个字节的数据先送入 FM25040 的 0 区指定单元存储，然后再送入 1 区的指定单元中备份，设计一个控制系统并验证之。

任务 9

单片机的串口及看门狗应用

9.1 ATmega16 单片机串行通信概述与目标要求

9.1.1 任务教学目标

◆ 会使用 RS232 接口建立单片机与计算机之间的相互通信；
◆ 掌握单片机的 USART 发送与接收数据的方法；
◆ 使用 ATmega16 的通用串行接口实现下位机与上位机之间的信息交换；
◆ 会使用单片机的内部看门狗；
◆ 熟练掌握 USART 相关寄存器，并能根据项目需要设置相应寄存器；
◆ 利用 1602 液晶显示模块作为人机交互的显示系统；
◆ 利用 3 个按键作为 3 种评价结果的输入；
◆ 进一步熟悉 C 语言的编程技巧；
◆ 进一步熟悉系统的概念及电子系统的设计方法。

9.1.2 教学目标知识与技能点介绍

1. 串行接口

串口称为串行接口，也称串行通信接口，按电气标准及协议来分包括 RS-232-C、RS-422、RS-485、USB 等。RS-232-C、RS-422 与 RS-485 标准只对接口的电气特性做出规定，不涉及接插件、电缆或协议。USB 是近几年发展起来的新型接口标准，主要应用于高速数据传输领域。

RS-232-C：也称标准串口，是目前最常用的一种串行通信接口。它是在 1970 年由美国电子工业协会（EIA）联合贝尔系统、调制解调器厂家及计算机终端生产厂家共同制定的用于串行通信的标准。它的全名是"数据终端设备（DTE）和数据通信设备（DCE）之间串行二进制数据交换接口技术标准"。传统的 RS-232-C 接口标准有 22 根线，采用标准 25 芯 D 型插头座。后来的 PC 上使用简化了的 9 芯 D 型插座。现在应用中 25 芯插头座已很少采用。现在的台式计算机一般有两个串行口：COM1 和 COM2，从设备管理器的端口列表中就可以看到。硬件表现为计算机后面的 9 针 D 型接口，由于其形状和针脚数量的原因，其接头又被称为 DB9 接头。其示意图如图 9-1 所示，接头定义如表 9-1 所示。

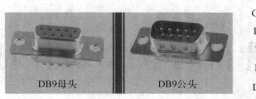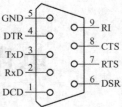

图 9-1 DB9 接头

表 9-1 DB9 接头定义

序 号	名 称	描 述
1	DCD	载波检测
2	RxD	接收数据
3	TxD	发送数据
4	DTR	数据终端准备
5	GND	接地
6	DSR	数据准备完成
7	RTS	请求发送
8	CTS	清除发送
9	RI	振铃提示

1）RS-232-C 串口通信接线方法（三线制）

串口传输数据只要有接收数据针脚和发送针脚就能实现。

● 同一个串口的接收脚和发送脚直接用线相连；

● 两个不同串口相连时如表 9-2 所示。

表 9-2 两个不同串口连线表

9 针—9 针		25 针—25 针		9 针—25 针	
2	3	3	2	2	2
3	2	2	3	3	3
5	5	7	7	5	7

串口连接只要记住一个原则：接收数据针脚（或线）与发送数据针脚（或线）相连，彼此交叉，信号地对应相接。

2）串行通信的方式

串行通信的方式分为单工、半双工和全双工。

如果在通信过程的任意时刻，信息只能由一方 A 传到另一方 B，则称为单工。

如果在任意时刻，信息既可由 A 传到 B，又能由 B 传到 A，但只能有一个方向上的传输存在，则称为半双工传输。

如果在任意时刻，线路上存在 A 到 B 和 B 到 A 的双向信号传输，则称为全双工。

3）串行通信中的奇偶校验

由于信道中存在干扰，可能使位"0"变为"1"，这种情况，我们称为出现了"误码"。我们把如何发现传输中的错误叫"检错"。发现错误后，如何消除错误叫"纠错"。

最简单的检错方法是"奇偶校验"，即在传送字符的各位之外，再传送 1 位奇/偶校验位。可采用奇校验或偶校验。

奇校验：所有传送的数位（含字符的各数位和校验位）中，"1"的个数为奇数，如：

需发送数据：0110 0101，奇校验位：1

需发送数据：0110 0001，奇校验位：0

偶校验：所有传送的数位（含字符的各数位和校验位）中，"1"的个数为偶数，如：

需发送数据：0100 0101，偶校验位：1

4）串行通信的波特率与比特率

单片机或计算机在串口通信时的速率，指的是信号被调制以后在单位时间内的变化，即单位时间内载波参数变化的次数，如每秒钟传送 240 个字符，而每个字符格式包含 10 位（1 个起始位、1 个停止位、8 个数据位），这时的波特率为 240Bd，比特率为 10 位×240 个/秒=2400bps。又比如，每秒钟传送 240 个二进制位，这时的波特率为 240Bd，比特率也是 240bps。波特率，可以通俗地理解为一个设备在一秒钟内发送（或接收）了多少码元的数据。它是对符号传输速率的一种度量，1 波特即指每秒传输 1 个码元符号（通过不同的调制方式，可以在 1 个码元符号上负载多个 bit 位信息），1 比特每秒是指每秒传输 1 比特（bit）。单位"波特"本身就已经代表每秒的调制数，以"波特每秒"（Baud per second）为单位是一种常见的错误。

比特率是数字信号的传输速率，它用单位时间内传输的二进制代码的有效位（bit）数来表示，其单位为每秒比特数 bit/s（bps）、每秒千比特数（Kbps）或每秒兆比特数（Mbps）。

2．ATmega16 的通用同步和异步串行接收器和转发器（USART）简介

1）USART 特性

通用同步和异步串行接收器和转发器（USART）是一个高度灵活的串行通信设备。

● 全双工操作（独立的串行接收和发送寄存器）；

● 异步或同步操作；

● 主机或从机提供时钟的同步操作；

● 高精度的波特率发生器；

● 支持 5、6、7、8 或 9 个数据位和 1 个或 2 个停止位；

● 硬件支持的奇偶校验操作；

● 数据过速检测；

● 帧错误检测；

● 噪声滤波，包括错误的起始位检测，以及数字低通滤波器；
● 3 个独立的中断：发送结束中断、发送数据寄存器空中断，以及接收结束中断；
● 多处理器通信模式；
● 倍速异步通信模式。

2）时钟产生器

时钟产生逻辑为发送器和接收器产生基础时钟。USART 支持 4 种模式的时钟：正常的异步模式、倍速的异步模式、主机同步模式以及从机同步模式。

● USART 控制位 UMSEL 和状态寄存器 C（UCSRC）用于选择异步模式和同步模式。
● 倍速模式（只适用于异步模式）受控于 UCSRA 寄存器的 U2X。
● 使用同步模式（UMSEL=1）时，XCK 的数据方向寄存器（DDR_XCK）决定时钟源由内部产生（主机模式）还是由外部产生（从机模式）。仅在同步模式下 XCK 有效。

波特率发生器内部时钟用于异步模式与同步主机模式。USART 的波特率寄存器 UBRR 和降序计数器相连接，一起构成可编程的预分频器或波特率发生器。

降序计数器对系统时钟计数，当其计数到零或 UBRRL 寄存器被写时，会自动装入 UBRR 寄存器的值。当计数到零时产生一个时钟，该时钟作为波特率发生器的输出时钟，输出时钟的频率为 $\dfrac{f_{osc}}{\text{UBRR}+1}$。

发生器对波特率发生器的输出时钟进行 2、8 或 16 分频，具体情况取决于工作模式。

波特率发生器的输出被直接用于接收器与数据恢复单元。数据恢复单元使用了一个有 2、8 或 16 个状态的状态机，具体状态数由 UMSEL、U2X 与 DDR_XCK 位设定的工作模式决定。

3）USART 的数据帧格式

串行数据帧由数据字加上同步位（开始位与停止位）以及用于纠错的奇偶校验位构成。USART 接受以下 30 种组合的数据帧格式：

● 1 个起始位；
● 5、6、7、8 或 9 个数据位；
● 无校验位、奇校验或偶校验位；
● 1 或 2 个停止位。

数据帧以起始位开始；紧接着是数据字的最低位，数据字最多可以有 9 个数据位，以数据的最高位结束；如果使能了校验位，校验位将紧接着数据位；最后是结束位。

当一个完整的数据帧传输后，可以立即传输下一个新的数据帧，或使传输线处于空闲状态。图 9-2 所示为可能的数据帧结构组合，括号中的位是可选的。

图 9-2　USART 数据帧格式

St　　　起始位，总是为低电平
（n）　　数据位（0～8）

P   校验位，可以为奇校验或偶校验

Sp   停止位，总是为高电平

IDLE   通信线上没有数据传输（RxD 或 TxD），线路空闲时必须为高电平

数据帧的结构由 UCSRB 和 UCSRC 寄存器中的 UCSZ2：0、UPM1：0、USBS 设定。接收与发送使用相同的设置。设置的任何改变都可能破坏正在进行的数据传送与接收。

- USART 的字长位 UCSZ2：0 确定了数据帧的数据位数；
- 校验模式位 UPM1：0 用于使能与决定校验的类型；
- USBS 位设置帧有一位或两位结束位。

4）USART 的初始化

进行通信之前首先要对 USART 进行初始化。初始化过程通常包括波特率的设定、帧结构的设定，以及根据需要使能接收器或发送器。对于中断驱动的 USART 操作，在初始化时首先要清零全局中断标志位（全局中断被屏蔽）。

重新改变 USART 的设置应该在没有数据传输的情况下进行。TXC 标志位可以用来检验一个数据帧的发送是否已经完成，RXC 标志位可以用来检验接收缓冲器中是否还有数据未读出。在每次发送数据之前（在写发送数据寄存器 UDR 前）TXC 标志位必须清零。

5）数据发送——USART 发送器

置位 UCSRB 寄存器的发送允许位 TXEN 将使能 USART 的数据发送。

使能后 TxD 引脚的通用 I/O 功能即被 USART 功能所取代，成为发送器的串行输出引脚。发送数据之前要设置好波特率、工作模式与帧结构。如果使用同步发送模式，施加于 XCK 引脚上的时钟信号即为数据发送的时钟。

（1）发送 5～8 位的数据。

将需要发送的数据加载到发送缓存器将启动数据发送。加载过程即为 CPU 对 UDR 寄存器的写操作。当移位寄存器可以发送新一帧数据时，缓冲的数据将转移到移位寄存器。当移位寄存器处于空闲状态（没有正在进行的数据传输），或前一帧数据的最后一个停止位传送结束，它将加载新的数据。一旦移位寄存器加载了新的数据，就会按照设定的波特率完成数据的发送。当发送的数据少于 8 位时，写入 UDR 相应位置的高几位将被忽略。

以下代码给出一个对 UDRE 标志采用轮询（查询）方式发送数据的例子。执行本段代码之前首先要初始化 USART。

```
void UART_Send_Char(unsigned char char_data)
{
  //等待发送缓冲器为空
  while(!(UCSRA&(1<<UDRE)));
  //将数据放入缓冲器，发送数据
  UDR=char_data;
}
```

（2）发送 9 位数据。

如果发送 9 位数据的数据帧（UCSZ=7），应先将数据的第 9 位写入寄存器 UCSRB 的 TXB8，然后再将低 8 位数据写入发送数据寄存器 UDR。以下代码给出发送 9 位数据的数据帧例子。

```
void UART_Send_Int(ungigned int Int_data)
{
//等待发送缓冲器为空
while(!(UCSRA&(1<<UDRE)));
/*将第9位复制到TXB8*/
UCSRB&=~(1<<TXB8);
if(data&0x0100) UCSRB|=(1<<TXB8);
//将数据放入缓冲器，发送数据
UDR=char_data;
}
```

（3）传送标志位与中断。

USART 发送器有两个标志位：USART 数据寄存器空标志 UDRE 及传输结束标志 TXC，两个标志位都可以产生中断。

数据寄存器空 UDRE 标志位表示发送缓冲器是否可以接收一个新的数据。该位在发送缓冲器空时被置"1"；当发送缓冲器包含需要发送的数据时清零。为与将来的器件兼容，写 UCSRA 寄存器时该位要写"0"。

当 UCSRB 寄存器中的数据寄存器空中断使能位 UDRIE 为"1"时，只要 UDRE 被置位（且全局中断使能），就将产生 USART 数据寄存器空中断请求。对寄存器 UDR 执行写操作将清零 UDRE。当采用中断方式的传输数据时，在数据寄存器空中断服务程序中必须写一个新的数据到 UDR 以清零 UDRE；或者是禁止数据寄存器空中断。否则一旦该中断程序结束，一个新的中断将再次产生。

当整个数据帧移出发送移位寄存器，同时发送缓冲器中又没有新的数据时，发送结束标志 TXC 置位。TXC 在传送结束中断执行时自动清零，也可在该位写"1"来清零。

当 UCSRB 上的发送结束中断使能位 TXCIE 与全局中断使能位均被置为"1"时，随着 TXC 标志位的置位，USART 发送结束中断将被执行。一旦进入中断服务程序，TXC 标志位即被自动清零，中断处理程序不必执行 TXC 清零操作。

（4）禁止发送器。

TXEN 清零后，只有等到所有的数据发送完成后发送器才能够真正禁止，即发送移位寄存器与发送缓冲寄存器中没有要传送的数据。

发送器禁止后，TxD 引脚恢复其通用 I/O 功能。

6）数据接收——USART 接收器

置位 UCSRB 寄存器的接收允许位（RXEN）即可启动 USART 接收器。接收器使能后 RxD 的普通引脚功能被 USART 功能所取代，成为接收器的串行输入口。进行数据接收之前首先要设置好波特率、操作模式及帧格式。如果使用同步操作，XCK 引脚上的时钟被用为传输时钟。

（1）接收 5～8 位数据。

一旦接收器检测到一个有效的起始位，便开始接收数据。起始位后的每一位数据都将以所设定的波特率或 XCK 时钟进行接收，直到收到一帧数据的第一个停止位。接收到的数据被送入接收移位寄存器。第二个停止位会被接收器忽略。接收到第一个停止位后，接收移位寄存器就包含了一个完整的数据帧。这时移位寄存器中的内容将被转移到接收缓冲器中。

通过读取 UDR 就可以获得接收缓冲器的内容。

以下代码给出一个对 RXC 标志采用轮询（查询）方式接收数据的例子。当数据帧少于 8 位时，从 UDR 读取的相应的高几位为 0。执行本段代码之前首先要初始化 USART。

```
unsigned char UART_Receive_Char(void)
{
//等待接收数据
while(!(UCSRA&(1<<RXC)));
//从缓冲器中获取并返回数据
return UDR;
}
```

（2）接收 9 位数据。

如果设定了 9 位数据的数据帧（UCSZ=7），在从 UDR 读取低 8 位之前必须首先读取寄存器 UCSRB 的 RXB8 以获得第 9 位数据。这个规则同样适用于状态标志位 FE、DOR 及 UPE。状态通过读取 UCSRA 获得，数据通过 UDR 获得。读取 UDR 存储单元会改变接收缓冲器 FIFO 的状态，进而改变同样存储在 FIFO 中的 TXB8、FE、DOR 及 UPE 位。

接下来的代码示例展示了一个简单的 USART 接收函数，说明如何处理 9 位数据及状态位。

```
unsigned int UART_Receive_Int(void)
{
    unsigned char status,resh,resl;
    //等待接收数据
    while(!(UCSRA&(1<<RXC)));
    //从缓冲器中获得状态、第 9 位及数据
    status=UCSRA;
    resh=UCSRB;
    resl=UDR;
    //如果出错，返回-1
    if(status&(1<<FE)|(1<<DOR)|(1<<PE)) return -1;
    //过滤第 9 位数据，然后返回
    resh=(resh>>1)&0x01;
    return((resh<<8)|resl);
}
```

（3）接收结束标志及中断。

USART 接收器有一个标志用来指明接收器的状态。

接收结束标志（RXC）用来说明接收缓冲器中是否有未读出的数据。当接收缓冲器中有未读出的数据时，此位为 1，当接收缓冲器空时为 0（即不包含未读出的数据）。如果接收器被禁止（RXEN=0），接收缓冲器会被刷新，从而使 RXC 清零。

置位 UCSRB 的接收结束中断使能位（RXCIE）后，只要 RXC 标志置位（且全局中断使能）就会产生 USART 接收结束中断。使用中断方式进行数据接收时，数据接收结束中断服务程序必须从 UDR 读取数据以清 RXC 标志，否则只要中断处理程序一结束，一个新的

中断就会产生。

（4）接收器错误标志。

USART 接收器有 3 个错误标志：帧错误（FE）、数据溢出（DOR）及奇偶校验错（UPE）。它们都位于寄存器 UCSRA。错误标志与数据帧一起保存在接收缓冲器中。由于读取 UDR 会改变缓冲器，UCSRA 的内容必须在读接收缓冲器（UDR）之前读入。错误标志的另一个特性是它们都不能通过软件写操作来修改。但是为了保证与将来产品的兼容性，执行写操作时必须对这些错误标志所在的位置写"0"。所有的错误标志都不能产生中断。

● 帧错误标志（FE）表明了存储在接收缓冲器中的下一个可读帧的第一个停止位的状态。

● 停止位正确（为 1）则 FE 标志为 0，否则 FE 标志为 1。这个标志可用来检测同步丢失、传输中断，也可用于协议处理。UCSRC 中 USBS 位的设置不影响 FE 标志位，因为除了第一位，接收器忽略所有其他的停止位。为了与以后的器件相兼容，写 UCSRA 时这一位必须置 0。

● 数据溢出标志（DOR）表明由于接收缓冲器满造成了数据丢失。当接收缓冲器满（包含了两个数据），接收移位寄存器又有数据，若此时检测到一个新的起始位，数据溢出就产生了。DOR 标志位置位即表明在最近一次读取 UDR 和下一次读取 UDR 之间丢失了一个或更多的数据帧。为了与以后的器件相兼容，写 UCSRA 时这一位必须置 0。当数据帧成功地从移位寄存器转入接收缓冲器后，DOR 标志被清零。

● 奇偶校验错标志（UPE）指出接收缓冲器中的下一帧数据在接收时有奇偶错误。如果不使能奇偶校验，那么 UPE 位应清零。为了与以后的器件相兼容，写 UCSRA 时这一位必须置 0。

（5）禁止接收器。

与发送器对比，禁止接收器即刻起作用，正在接收的数据将丢失。禁止接收器（RXEN 清零）后，接收器将不再占用 RxD 引脚；接收缓冲器 FIFO 也会被刷新。缓冲器中的数据将丢失。

3. USART 寄存器说明

（1）USART 数据寄存器——UDR，如表 9-3 所示。

表 9-3　USART 的数据寄存器 UDR

位	7	6	5	4	3	2	1	0
	RXB[7：0] UDR(READ)							
	TXB[7：0] UDR(WRITE)							
读/写	R/W	R/W	R/W	R/W	R/W	R/W	R/W	R/W
初始值	0	0	0	0	0	0	0	0

USART 发送数据缓冲寄存器和 USART 接收数据缓冲寄存器共享相同的 I/O 地址，称为 USART 数据寄存器或 UDR。将数据写入 UDR 时实际操作的是发送数据缓冲寄存器（TXB），读 UDR 时实际返回的是接收数据缓冲寄存器（RXB）的内容。

在 5、6、7 比特字长模式下，未使用的高位被发送器忽略，而接收器则将它们设置为 0。

只有当 UCSRA 寄存器的 UDRE 标志置位后才可以对发送缓冲器进行写操作。如果 UDRE 没有置位，那么写入 UDR 的数据会被 USART 发送器忽略。当数据写入发送缓冲器后，若移位寄存器为空，发送器将把数据加载到发送移位寄存器，然后数据串行地从 TxD 引脚输出。

接收缓冲器包括一个两级 FIFO，一旦接收缓冲器被寻址 FIFO 就会改变它的状态。

（2）USART 控制与状态寄存器 A——UCSRA，如表 9-4 所示。

表 9-4 USART 的控制与状态寄存器 UCSRA

位	7	6	5	4	3	2	1	0
位名称	RXC	TXC	UDRE	FE	DOR	PE	U2X	MPCM
读/写	R	R/W	R	R	R	R	R/W	R/W
初始值	0	0	1	0	0	0	0	0

● 位 7——RXC：USART 接收结束

接收缓冲器中有未读出的数据时 RXC 置位，否则清零。接收器禁止时，接收缓冲器被刷新，导致 RXC 清零。RXC 标志可用来产生接收结束中断（见对 RXCIE 位的描述）。

● 位 6——TXC：USART 发送结束

发送移位缓冲器中的数据被送出，且当发送缓冲器（UDR）为空时 TXC 置位。执行发送结束中断时 TXC 标志自动清零，也可以通过写 1 进行清除操作。TXC 标志可用来产生发送结束中断（见对 TXCIE 位的描述）。

● 位 5——UDRE：USART 数据寄存器空

UDRE 标志指出发送缓冲器（UDR）是否准备好接收新数据。UDRE 为 1 说明缓冲器为空，已准备好进行数据接收。UDRE 标志可用来产生数据寄存器空中断（见对 UDRIE 位的描述）。

复位后 UDRE 置位，表明发送器已经就绪。

● 位 4——FE：帧错误

如果接收缓冲器接收到的下一个字符有帧错误，即接收缓冲器中的下一个字符的第一个停止位为 0，那么 FE 置位。这一位一直有效直到接收缓冲器（UDR）被读取。当接收到的停止位为 1 时，FE 标志为 0。对 UCSRA 进行写入时，这一位要写 0。

● 位 3——DOR：数据溢出

数据溢出时 DOR 置位。当接收缓冲器满（包含了两个数据），接收移位寄存器又有数据，若此时检测到一个新的起始位，数据溢出就产生了。这一位一直有效直到接收缓冲器（UDR）被读取。对 UCSRA 进行写入时，这一位要写 0。

● 位 2——PE：奇偶校验错误

当奇偶校验使能（UPM1=1），且接收缓冲器中所接收到的下一个字符有奇偶校验错误时 PE 置位。这一位一直有效直到接收缓冲器（UDR）被读取。对 UCSRA 进行写入时，这一位要写 0。

● 位 1——U2X：倍速发送

这一位仅对异步操作有影响。使用同步操作时将此位清零。

此位置 1 可将波特率分频因子从 16 降到 8，从而有效地将异步通信模式的传输速率加倍。

● 位 0——MPCM：多处理器通信模式

设置此位将启动多处理器通信模式。MPCM 置位后，USART 接收器接收到的那些不包含地址信息的输入帧都将被忽略。发送器不受 MPCM 设置的影响。

（3）USART 控制与状态寄存器 B——UCSRB，如表 9-5 所示。

表 9-5　USART 的控制与状态寄存器 UCSRB

位	7	6	5	4	3	2	1	0
位名称	RXCIE	TXCIE	UDRIE	RXEN	TXEN	UCSZ2	RXB8	TXB8
读/写	R/W	R/W	R/W	R/W	R/W	R/W	R/W	R/W
初始值	0	0	0	0	0	0	0	0

● 位 7——RXCIE：接收结束中断使能

置位后使能 RXC 中断。当 RXCIE 为 1 时，全局中断标志位 SREG 置位，UCSRA 寄存器的 RXC 也为 1 时可以产生 USART 接收结束中断。

● 位 6——TXCIE：发送结束中断使能

置位后使能 TXC 中断。当 TXCIE 为 1 时，全局中断标志位 SREG 置位，UCSRA 寄存器的 TXC 也为 1 时可以产生 USART 发送结束中断。

● 位 5——UDRIE：USART 数据寄存器空中断使能

置位后使能 UDRE 中断。当 UDRIE 为 1 时，全局中断标志位 SREG 置位，UCSRA 寄存器的 UDRE 也为 1 时可以产生 USART 数据寄存器空中断。

● 位 4——RXEN：接收使能

置位后将启动 USART 接收器。RxD 引脚的通用端口功能被 USART 功能所取代。禁止接收器将刷新接收缓冲器，并使 FE、DOR 及 PE 标志无效。

● 位 3——TXEN：发送使能

置位后将启动 USART 发送器。TxD 引脚的通用端口功能被 USART 功能所取代。

TXEN 清零后，只有等到所有的数据发送完成后发送器才能够真正禁止，即发送移位寄存器与发送缓冲寄存器中没有要传送的数据。发送器禁止后，TxD 引脚恢复其通用 I/O 功能。

● 位 2——UCSZ2：字符长度

UCSZ2 与 UCSRC 寄存器的 UCSZ1：0 结合在一起可以设置数据帧所包含的数据位数（字符长度）。

● 位 1——RXB8：接收数据位 8

对 9 位串行帧进行操作时，RXB8 是第 9 个数据位。读取 UDR 包含的低位数据之前首先要读取 RXB8。

● 位 0——TXB8：发送数据位 8

对 9 位串行帧进行操作时，TXB8 是第 9 个数据位。写 UDR 之前首先要对它进行写操作。

（4）USART 控制与状态寄存器 C——UCSRC，如表 9-6 所示。

表 9-6 USART 的控制与状态寄存器 UCSRC

位	7	6	5	4	3	2	1	0
位名称	URSEL	UMSEL	UPM1	UPM0	USBS	UCSZ1	UCSZ0	UCPOL
读/写	R/W	R/W	R/W	R/W	R/W	R/W	R/W	R/W
初始值	1	0	0	0	0	1	1	0

UCSRC 寄存器与 UBRRH 寄存器共用相同的 I/O 地址。

● 位 7——URSEL：寄存器选择

通过该位选择访问 UCSRC 寄存器或 UBRRH 寄存器。当读 UCSRC 时，该位为 1；当写 UCSRC 时，URSEL 必须为 1。

● 位 6——UMSEL：USART 模式选择

通过这一位来选择同步或异步工作模式，如表 9-7 所示。

表 9-7 UMSEL 模式

UMSEL	模式
0	异步操作
1	同步操作

● 位 5：4——UPM1：0：奇偶校验模式

这两位设置奇偶校验的模式并使能奇偶校验，如表 9-8 所示。如果使能了奇偶校验，那么再发送数据，发送器都会自动产生并发送奇偶校验位。对每一个接收到的数据，接收器都会产生一奇偶值，并与 UPM0 所设置的值进行比较。如果不匹配，那么就将 UCSRA 中的 PE 置位。

表 9-8 UPM 设置

UPM1	UPM0	奇 偶 模 式
0	0	禁止
0	1	保留
1	0	偶校验
1	1	奇校验

● 位 3——USBS：停止位选择

通过这一位可以设置停止位的位数，如表 9-9 所示。接收器忽略这一位的设置。

表 9-9　USBS 设置

USBS	停止位位数
0	1
1	2

● 位 2：1——UCSZ1：0：字符长度

UCSZ1：0 与 UCSRB 寄存器的 UCSZ2 结合在一起可以设置数据帧包含的数据位数（字符长度），如表 9-10 所示。

表 9-10　UCSZ 设置

UCSZ2	UCSZ1	UCSZ0	字符长度
0	0	0	5 位
0	0	1	6 位
0	1	0	7 位
0	1	1	8 位
1	0	0	保留
1	0	1	保留
1	1	0	保留
1	1	1	9 位

● 位 0——UCPOL：控制串口发送与接收引脚的采样

具体如表 9-11 所示。

表 9-11　UCPOL 设置

UCPOL	发送数据的改变（TxD 引脚的输出）	接收数据的采样（RxD 引脚的输入）
0	XCK 上升沿	XCK 下降沿
1	XCK 下降沿	XCK 上升沿

（5）USART 波特率寄存器——UBRRL 和 UBRRH，如表 9-12 所示。

表 9-12　USART 波特率寄存器 UBRRL 和 UBRRH

位	15	14	13	12	11	10	9	8
	URSEL	—	—	—		UBRR[11：8]　UBRRH		
			UBRR[7：0]			UBRRL		
位	7	6	5	4	3	2	1	0
读/写	R/W	R	R	R	R/W	R/W	R/W	R/W
初始值	0	0	0	0	0	0	0	0

UCSRC 寄存器与 UBRRH 寄存器共用相同的 I/O 地址。

● 位 15——URSEL：寄存器选择

通过该位选择访问 UCSRC 寄存器或 UBRRH 寄存器。当读 UBRRH 时，该位为 0；当写 UBRRH 时，URSEL 为 0。

● 位 14：12——保留位

这些位是为以后的使用而保留的。为了与以后的器件兼容，写 UBRRH 时将这些位清零。

● 位 11：0—UBRR11：0：USART 波特率寄存器

这个 12 位的寄存器包含了 USART 的波特率信息。其中 UBRRH 包含了 USART 波特率高 4 位，UBRRL 包含了低 8 位。波特率的改变将造成正在进行的数据传输受到破坏。写 UBRRL 将立即更新波特率分频器。

波特率的设置：对标准晶振及谐振器频率来说，异步模式下最常用的波特率可通过表 9-13 中 UBRR 的设置来产生。表中的粗体数据表示由此产生的波特率与目标波特率的偏差不超过 0.5%。

表 9-13 常用晶振下的波特率设置

波特率（bps）	f_{osc}=1.0000MHz				f_{osc}=4.0000MHz				f_{osc}=11.0592 MHz			
	U2X=0		U2X=1		U2X=0		U2X=1		U2X=0		U2X=1	
	UBRR	误差	UBRR	误差	UBRR	误差	UBRR	误差	UBRR	误差	UBRR	误差
2400	25	0.2%	51	0.2%	103	0.2%	207	0.2%	287	0.0%	575	0.0%
4800	12	0.2%	25	0.2%	51	0.2%	103	0.2%	143	0.0%	287	0.0%
9600	6	−7%	12	0.2%	25	0.2%	51	0.2%	71	0.0%	143	0.0%
14.4K	3	8.5%	8	−3.5%	16	2.1%	34	−0.8%	47	0.0%	95	0.0%
19.2K	2	8.5%	6	−7%	12	0.2%	25	0.2%	35	0.0%	71	0.0%

4. 单片机的看门狗

看门狗定时器由独立的 1 MHz 片内振荡器驱动。这是 V_{CC}= 5V 时的典型值。通过设置看门狗定时器的预分频器可以调节看门狗复位的时间间隔，如表 9-14 所示。看门狗复位指令 WDR 用来复位看门狗定时器。

表 9-14 看门狗控制寄存器 WDTCR

位	7	6	5	4	3	2	1	0
位名称	—	—	—	WDTOE	WDE	WDP2	WDP1	WDP0
读/写	R	R	R	R/W	R/W	R/W	R/W	R/W
初始值	0	0	0	0	0	0	0	0

此外，禁止看门狗定时器或发生复位时定时器也被复位。复位时间有 8 个选项。如果没有及时复位定时器，一旦时间超过复位周期，ATmega16 就复位，并执行复位向量指向的程序。为了防止无意之间禁止看门狗定时器，在看门狗禁用后必须跟一个特定的修改序列。详见看门狗定时器控制寄存器。

● 位 7..5——Res：保留位

ATmega16 保留位，读操作返回值为零。

● 位 4——WDTOE：看门狗修改使能

清零 WDE 时必须置位 WDTOE，否则不能禁止看门狗。一旦置位，硬件将在紧接的 4 个时钟周期之后将其清零。请参考有关 WDE 的说明来禁止看门狗。

● 位 3——WDE：使能看门狗

WDE 为"1"时，看门狗使能，否则看门狗将被禁止。只有在 WDTOE 为"1"时 WDE 才能清零。以下为关闭看门狗的步骤：

在同一个指令内对 WDTOE 和 WDE 写"1"，即使 WDE 已经为"1"；

在紧接的 4 个时钟周期之内对 WDE 写"0"。

● 位 2..0——WDP[2:0]：看门狗定时器预分频器 2、1 和 0

WDP2、WDP1 和 WDP0 决定看门狗定时器的预分频器，如表 9-15 所示。

表 9-15　单片机看门狗的定时时间设置

WDP2	WDP1	WDP0	看门狗振荡器周期	V_{CC}=3.0V 时典型的溢出周期	V_{CC}=5.0V 时典型的溢出周期
0	0	0	16K（16 384）	17.1ms	16.3ms
0	0	1	32K（32 768）	34.3ms	32.5ms
0	1	0	64K（65 536）	68.5ms	65ms
0	1	1	128K（131 072）	0.14s	0.13s
1	0	0	256K（262 144）	0.27s	0.26s
1	0	1	512K（524 288）	0.55s	0.52s
1	1	0	1024K（1 048 576）	1.1s	1.0s
1	1	1	2048K（2 097 152）	2.2s	2.1s

9.2　项目 13：银行窗口服务评价控制系统设计

9.2.1　项目背景

很多服务行业都制定了不同的制度来约束服务人员，想借此来提高服务质量和服务效率，但是还是不能直接了解到每位客户是否满意，所以窗口评价器就出现了，如图 9-3 所示。客户完全可以根据自己的意愿通过该设备对服务人员进行评价，对服务人员起到了监督作用，让服务人员自觉提高服务质量和效率。

应用窗口评价器之后，还可以通过统计评价数据分析出自己存在的不足，从客户评价数据中看到的不足是客户所看到的不足，有针对性地进行改善，这样才能让客户更加满意，并且它的出现有效地提高了服务质量，更提高了各类服务行业的社会形象。

图 9-3　常见窗口评价器

9.2.2　项目方案设计

项目方案在真实评价器的基础上，增加了液晶 1602 在客户评价终端也能显示评价结果的信息提示。用独立式按键分别标示为非常满意、满意、还不错、不好 4 种选择，通过 RS232 数据线与计算机连接，计算机通过串口调试工具发送选择评价结果提示，当客户评价结束后，会自动返回 a、b、c、d 四种结果与四个按键相对应，服务人员可以通过统计串口调试助手的返回结果得知自己在一段时间内的客户满意程度，如图 9-4 所示。

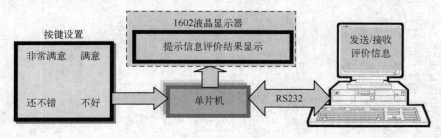

图 9-4　项目方案框图

系统工作过程为：上电后提示"欢迎光临"英文信息；客户服务过程中；当服务结束后，服务人员发送"请选择本次服务评价"英文信息；客户针对本次服务效果按下 4 个服务结果中的一个；系统把本次服务结果以特定符号返回服务人员计算机上。

系统与计算机的通信协议规定为计算机一次发送 3 个十六进制数据，如表 9-16 所示。

表 9-16　计算机发送的数据及协议

0XAA	0X55	0XDD
数据头标示	有用数据	数据结束标示

单片机通过中断服务函数接收这 3 个数据并判断正确与否置位标志位，在单片机主函数中间根据标志位输出 4 种评价结果并把结果标示通过 RS232 数据线送给计算机。

9.2.3 项目硬件电路设计

（1）项目单片机 I/O 引脚分配，如表 9-17 所示。

表 9-17 项目单片机 I/O 引脚分配

4 个按键连接				液晶 1602 连接				DB9 连接	
非常满意	满意	还不错	不好	RS	R/W	E	数据端	2 脚	3 脚
PD4	PD5	PD6	PD7	PB0	PB1	PB2	PA0～PA7	PD0	PD1

（2）项目电路图如图 9-5 所示。

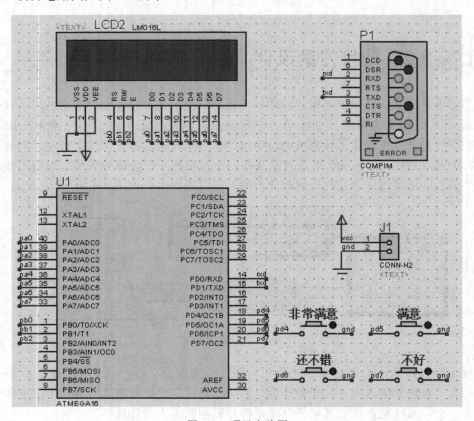

图 9-5 项目电路图

9.2.4 项目驱动软件设计

1. 项目程序架构

项目程序架构如图 9-6 所示。

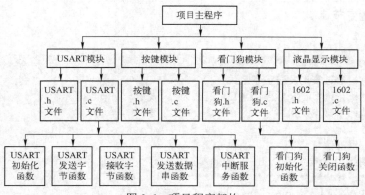

图 9-6　项目程序架构

2．USART 模块程序设计

本模块是整个项目的技术核心，主要作用是建立起单片机与计算机的串行通信，单片机 USART 串行通信建立的主要步骤如下：

● 通过设置 UCSRC 寄存器的 URSEL 位选定单片机为异步串口通信模式；

● 通过设置 UCSRC 与 UCSRB 寄存器的 UCSZ[2：0]位选定单片机的一帧数据位数；

● 通过设置 UCSRC 寄存器的其他位选定停止位、奇偶校验等，一般为默认；

● 通过查表 9-14 及单片机的晶振设置 UBRR 寄存器，选定单片机通信波特率；

● 通过设置 UCSRB 寄存器配置发送、接收、中断使能；

● 通过查询或判断 UCSRA 寄存器的标志位进入发送、接收或中断服务程序。

本项目通过查询发送、中断接收的模式进行通信。

1）UCSART 初始化函数

代码如下：

```
/*********************************
 函数名称：串口功能初始化函数
 函数功能：异步、8 位数据传送，1 位停止位、波特率 9600bps，
          中断接收使能、接收使能、发送使能
 入口参数：无
 出口参数：无
 设计者：淮安信息 YY
 设计日期：2015 年 8 月 5 日
 *********************************/
void UART_Hard_Init(void)
{
 CLI();//中断全局变量关
 UCSRB=0x00;//B 寄存器先全部清 0、UCSZ2=0 配合下一句
 UCSRC=(1<<URSEL)+(1<<UCSZ1)+(1<<UCSZ0);//异步、8 位数据传送，1 位停止、无奇偶校验
 UBRRL=25//4MHz 晶振下，波特率 9600bps
 UBRRH=0x00; //同时也是选择 UBRRH，URSEL 设置为 0
 UCSRB=(1<<RXCIE)+(1<<RXEN)+(1<<TXEN);//中断接收使能、发送、接收使能
 SEI();//开全局中断变量 I
}
```

2）查询发送字节函数

代码如下：

```
/********************************
函数名称：通过查询发送字节函数
函数功能：查询 UCSRA 的 UDRE 位是否为 1，发送一字节数据
入口参数：字符型数据
出口参数：无
设计者：淮安信息 YY
设计日期：2015 年 8 月 5 日
********************************/
void UART_Send_Char(uchar char_data)
{
  while(!(UCSRA&(1<<UDRE)));//UDRE 为 1 表示可以发送，为 0 不能发送
  UDR=char_data; //写数据缓冲器，发送，起始位、停止位硬件自动发送，用户不用关心
}
```

3）查询接收字节函数

代码如下：

```
/********************************
函数名称：通过查询接收字节函数
函数功能：查询 UCSRA 的 RXC 位是否为 1，发送一字节数据
入口参数：无
出口参数：接收的字节数据
设计者：淮安信息 YY
设计日期：2015 年 8 月 5 日
********************************/
uchar UART_Receive_Char(void)
{
  while(!(UCSRA&(1<<RXC)));//RXC 位为 1，接收的数据完成，可以取出来
  return UDR;//读数据缓冲器
}
```

4）中断接收服务函数

代码如下：

```
/********************************
函数名称：中断接收服务函数
函数功能：如果通信协议字符串头与尾正确，根据中间数据设置标志位
入口参数：无
出口参数：无
设计者：淮安信息 YY
设计日期：2015 年 8 月 5 日
********************************/
#pragma interrupt_handler UART_RX_isr:12
void UART_RX_isr(void)
{
  uchar uart_data[3];
```

```
uart_data[0]=UDR;//先接收头字节数据
if(uart_data[0]==0xAA)//判断头是否正确
{
    UCSRB&=~(1<<RXCIE);//中断接收禁止，转查询接收方式
    uart_data[1]=UART_Receive_Char();//连续接收两个字节数据
    uart_data[2]=UART_Receive_Char();
    if(uart_data[2]==0xDD)
    {
            if(uart_data[1]==0x55)
              {
                flag=1;//设置全局标志
              }
    }
}
}
```

3．看门狗模块程序设计

根据 9.1.2 节第 4 部分介绍，单片机内部的看门狗是一个独立的基于 1MHz 的定时器，通过设置 WDTCR 寄存器可以开启看门狗和禁止看门狗。在本项目的主函数中根据需要，在特定的情况下用看门狗功能进行复位，复位时间为 1s。

代码如下：

```
#include"wdt.h"
/*******************************
函数名称：看门狗定时器初始化函数
函数功能：定时时间 1s
入口参数：无
出口参数：无
设计者：淮安信息 YY
设计日期：2015 年 8 月 5 日
*******************************/
void wdt_on_init(void)
{
 WDTCR=0X00;
 WDTCR=0X0e;
}
/*******************************
函数名称：看门狗禁止函数
函数功能：把看门狗关掉
入口参数：无
出口参数：无
设计者：淮安信息 YY
设计日期：2015 年 8 月 5 日
*******************************/
void wdt_off(void)
{
 _WDR();
```

```
        WDTCR|=(1<<WDTOE)|(1<<WDE);
        WDTCR=0X00;
    }
```

4. 按键模块程序设计（略，和以前完全一样）

5. 液晶 1602 显示模块程序设计（略，和以前完全一样）

6. 主函数程序设计

1）显示信息的标志定义

```
uchar tishi1[]="You're Welcome!";//欢迎光临
uchar tishi2[]="select evaluate!";//选择评价
uchar tishi3[]="Very Good!";//非常满意
uchar tishi4[]="All Right!";//满意
uchar tishi5[]="Well enough";//还不错
uchar tishi6[]="Not Good";//不好
uchar flag,flag1,flag2,flag3,flag4;//标志位
```

2）主程序工作流程

主程序工作流程如图 9-7 所示。

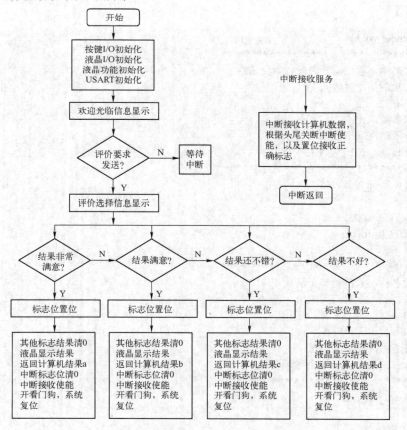

图 9-7　主程序工作流程

项目主函数代码如下：

```
/********************************
函数名称：项目主函数
函数功能：实现方案设计的功能
入口参数：无
出口参数：无
单片机晶振：使用内部 4MHz 晶振
设计者：淮安信息 YY
设计日期：2015 年 8 月 5 日
********************************/
void main(void)
{
 uchar key_value=0xff,i;
 key_iO_init();
 lm016_io_init();
 lm016_set_init();
 UART_Hard_Init();
 lm016_w_cmd(0x80);//以下 3 句为欢迎光临提示信息显示
 while(tishi1[i]!='\0')
 lm016_w_dat(tishi1[i++]);
 while(1)
 {
     if(flag==1)//计算机已经发送要求客户评价的信息，flag 在中断接收函数中置位
     {
      i=0;
      lm016_set_init();//清屏
      lm016_w_cmd(0x80);
     while(tishi2[i]!='\0')//以下 3 句为评价选择提示
     lm016_w_dat(tishi2[i++]);
      key_value=key_scan();
      if(key_value==0)flag1=1;//4 种评价结果的标志位
      else if(key_value==1)flag2=1;
      else if(key_value==2)flag3=1;
      else if(key_value==3)flag4=1;
      if(flag1==1)
      {
        i=0;
       flag2=0;
       flag3=0;
       flag4=0;
       lm016_w_cmd(0xc3);//指定显示位置
     while(tishi3[i]!='\0')
     lm016_w_dat(tishi3[i++]);//显示非常满意
      UART_Send_Char('a');//返回"a"标志给计算机
      flag=0;//清零，准备下次
      UCSRB|=(1<<RXCIE);//中断使能重新打开，为下次评价准备
      wdt_on_init();//打开看门狗，1s 后复位
```

```
        }
      else if(flag2==1)
      {
        i=0;
       flag1=0;
       flag3=0;
       flag4=0;
       lm016_w_cmd(0xc3);
       while(tishi4[i]!='\0')
       lm016_w_dat(tishi4[i++]);
       i=0;
       UART_Send_Char('b');
       flag=0;
       UCSRB|=(1<<RXCIE);
       wdt_on_init();
            }
      else if(flag3==1)
      {
        i=0;
       flag1=0;
       flag2=0;
       flag4=0;
       lm016_w_cmd(0xc3);
       while(tishi5[i]!='\0')
       lm016_w_dat(tishi5[i++]);
       UART_Send_Char('c');
       flag=0;
       UCSRB|=(1<<RXCIE);
       wdt_on_init();
      }
    else if(flag4==1)
      {
        i=0;
       flag1=0;
       flag2=0;
       flag3=0;
       lm016_w_cmd(0xc3);
       while(tishi6[i]!='\0')
       lm016_w_dat(tishi6[i++]);
       UART_Send_Char('d');
       flag=0;
       UCSRB|=(1<<RXCIE);
       wdt_on_init();
      }
    }
  }

  }
```

9.2.5　项目系统集成与调试

（1）新建工程，输入代码并保存，如图 9-8 所示。

```
void main(void)
{
uchar key_value=0xff,i;
key_iO_init();
lm016_io_init();
lm016_set_init();
UART_Hard_Init();
lm016_w_cmd(0x80);//以下3句为欢迎光临提示信息显示
while(tishi1[i]!='\0')
lm016_w_dat(tishi1[i++]);
while(1)
{
    if(flag==1)//电脑已经发送要求客户评价的信息，fla
    {
    i=0;
    lm016_set_init();//清屏
    lm016_w_cmd(0x80);
    while(tishi2[i]!='\0')//以下3句为评价选择提示
    lm016_w_dat(tishi2[i++]);
    key_value=key_scan();
    if(key_value==0)flag1=1;//四种评价结果的标志位
    else if(key_value==1)flag2=1;
    else if(key_value==2)flag3=1;
    else if(key_value==3)flag4=1;
```

图 9-8　新建工程，输入代码并保存

（2）项目编译选项设置，如图 9-9 所示。

图 9-9　项目编译选项设置

（3）项目编译，结果如图 9-10 所示。

```
C:\iccv7avr\bin\imakew -f WINDOW_SEVICE.mak
    iccavr -c -IG:\mega16单片机重点教材修订\项目13~1\窗口评价器电路驱动\Headers -e -D__ICC
    iccavr -o WINDOW_SEVICE -g -e:0x4000 -ucrtatmega.o -bfunc_lit:0x54.0x4000 -dram_end:0x
Device 7% full.
Done. Wed Aug 05 15:31:15 2015
```

图 9-10　项目编译结果

（4）单片机系统上电运行，如图 9-11 所示。

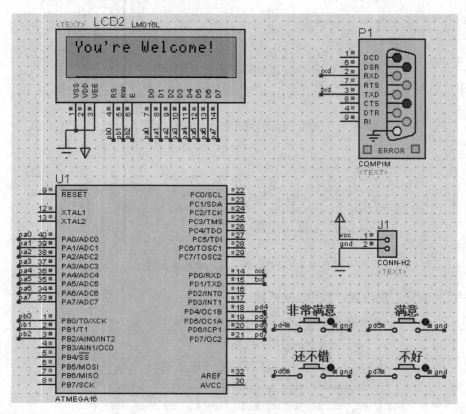

图 9-11　单片机系统上电运行

（5）计算机端串口调试助手发送选择评价的通信数据，如图 9-12 所示。

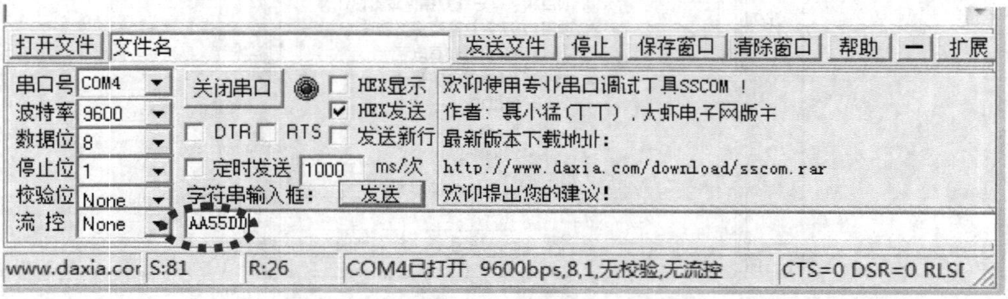

图 9-12　计算机端串口调试助手发送选择评价指令

（6）客户端 4 种评价结果如图 9-13 所示。

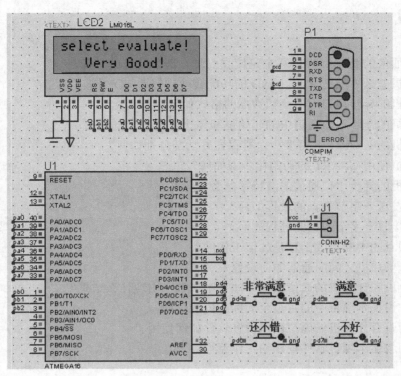

图 9-13　客户端评价结果

（7）1s 后，单片机系统复位。
（8）串口助手查看结果，如图 9-14 所示。

图 9-14　串口助手查看结果

知识巩固

1. 串口通信的 RxD、TxD 哪个是接收引脚？哪个是发送引脚？
2. 单片机怎么才能把 RxD、TxD 的功能转换成普通 I/O 引脚的功能？
3. 单片机的异步串口通信一帧数据的格式如何？
4. 单片机的一步串口通信中的起始位和停止位是怎么发送的？
5. 单片机的 USART 共有多少个寄存器？功能分别如何？
6. 单片机使用 USART 的初始化步骤如何？
7. 单片机的异步串口通信的波特率怎么设置？
8. 查询发送一字节数据的过程如何？
9. 查询接收一字节数据的过程如何？
10. 本项目的中断接收函数是如何工作的？
11. 两个单片机之间的通信如何设置？
12. 单片机和计算机的通信波特率如果不一致会出现什么结果？
13. 请你说说本项目中的各个全局标志位的功能。
14. 上网查查计算机的虚拟串口设置软件如何使用。
15. 详细叙述本项目软件程序的工作流程。

拓展练习

1. 请你查查单片机的串口，它能和计算机的 RS232 接口直接连接工作吗？
2. 把以前各个项目和本项目结合起来，能完成多少个项目？请考虑。

反侵权盗版声明

电子工业出版社依法对本作品享有专有出版权。任何未经权利人书面许可，复制、销售或通过信息网络传播本作品的行为以及歪曲、篡改、剽窃本作品的行为，均违反《中华人民共和国著作权法》，其行为人应承担相应的民事责任和行政责任，构成犯罪的，将被依法追究刑事责任。

为了维护市场秩序，保护权利人的合法权益，本社将依法查处和打击侵权盗版的单位和个人。欢迎社会各界人士积极举报侵权盗版行为，本社将奖励举报有功人员，并保证举报人的信息不被泄露。

举报电话：（010）88254396；（010）88258888
传　　真：（010）88254397
E-mail：dbqq@phei.com.cn
通信地址：北京市海淀区万寿路 173 信箱
　　　　　电子工业出版社总编办公室
邮　　编：100036